住房和城乡建设部"十四五"规划教材

教育部高等学校建筑类专业教学指导委员会建筑学专业教学指导分委员会规划推荐教材

高等学校建筑类专业城市设计系列教材

丛书主编　王建国

An Introduction to Urban Design

城市设计基础

韩冬青　冷嘉伟　主编
王建国　主审

中国建筑工业出版社

图书在版编目（CIP）数据

城市设计基础 = An Introduction to Urban Design/
韩冬青，冷嘉伟主编．—北京：中国建筑工业出版社，
2021.3

住房和城乡建设部"十四五"规划教材　教育部高等
学校建筑类专业教学指导委员会建筑学专业教学指导分委
员会规划推荐教材　高等学校建筑类专业城市设计系列教
材 / 王建国主编

ISBN 978-7-112-25755-3

Ⅰ.①城…　Ⅱ.①韩…②冷…　Ⅲ.①城市规划－建
筑设计－高等学校－教材 Ⅳ.①TU984

中国版本图书馆CIP数据核字（2020）第256192号

责任编辑：高延伟　陈　桦　王　惠
文字编辑：柏铭泽
责任校对：芦欣甜

为了更好地支持相应课程的教学，我们向采用本书作为教材的教师提供课件，有需要者可与出版社联系。
建工书院：http://edu.cabplink.com
邮箱：jckj@cabp.com.cn　电话：（010）58337285

住房和城乡建设部"十四五"规划教材
教育部高等学校建筑类专业教学指导委员会建筑学专业教学指导分委员会规划推荐教材
高等学校建筑类专业城市设计系列教材
丛书主编　王建国

城市设计基础
An Introduction to Urban Design
韩冬青　冷嘉伟　主编
王建国　主审
*
中国建筑工业出版社出版、发行（北京海淀三里河路9号）
各地新华书店、建筑书店经销
北京锋尚制版有限公司制版
临西县阅读时光印刷有限公司印刷
*
开本：880毫米×1230毫米　1/16　印张：11½　字数：214千字
2021年9月第一版　2021年9月第一次印刷
定价：69.00元（赠教师课件）
ISBN 978 – 7 – 112 – 25755 – 3
　　　（36983）

《城市设计基础》
教材编审委员会

主　审： 王建国

主　编： 韩冬青　冷嘉伟

副主编： 徐小东　王　正　吴锦绣

总序

在 2015 年 12 月 20 日至 21 日的中央城市工作会议上，习近平总书记发表重要讲话，多次强调城市设计工作的意义和重要性。会议分析了城市发展面临的形势，明确了城市工作的指导思想、总体思路、重点任务。会议指出，要加强城市设计，提倡城市修补，加强控制性详细规划的公开性和强制性。要加强对城市的空间立体性、平面协调性、风貌整体性、文脉延续性等方面的规划和管控，留住城市特有的地域环境、文化特色、建筑风格等"基因"。2016 年 2 月 6 日，中共中央、国务院印发了《关于进一步加强城市规划建设管理工作的若干意见》，提出要"提高城市设计水平。城市设计是落实城市规划、指导建筑设计、塑造城市特色风貌的有效手段。鼓励开展城市设计工作，通过城市设计，从整体平面和立体空间上统筹城市建筑布局，协调城市景观风貌，体现城市地域特征、民族特色和时代风貌。单体建筑设计方案必须在形体、色彩、体量、高度等方面符合城市设计要求。抓紧制定城市设计管理法规，完善相关技术导则。支持高等学校开设城市设计相关专业，建立和培育城市设计队伍"。

为落实中央城市工作会议精神，提高城市设计水平和队伍建设，2015 年 7 月，由全国高等学校建筑学、城乡规划学、风景园林学三个学科专业指导委员会在天津共同组织召开了"高等学校城市设计教学研讨会"，并决定在建筑类专业硕士研究生培养中增加"城市设计专业方向教学要求"，12 月制定了《高等学校建筑类硕士研究生（城市设计方向）教学要求》以及《关于加强建筑学（本科）专业城市设计教学的意见》《关于加强城乡规划（本科）专业城市设计教学的意见》《关于加强风景园林（本科）专业城市设计教学的意见》等指导文件。

本套《高等学校建筑类专业城市设计系列教材》是为落实城市设计的教学要求，专门为"城市设计专业方向"而编写，分为 12 个分册，分别是《城市设计基础》《城市设计理论与方法》《城市设计实践教程》《城市美学》《城市设计技术方法》《城市设计语汇解析》《动态城市设计》《生态城市设计》《精细化城市设计》《交通枢纽地区城市设计》《历史地区城市设计》《中外城市设计史纲》等。在 2016 年 12 月、2018 年 9 月和 2019 年 6 月，教材编委会召开了三次编写工作会议，对本套教材的定位、对象、内容架构和编写进度进行了讨论、完善和确定。

本套教材得到教育部高等学校建筑类专业教学指导委员会及其下设的建筑学专业教学指导分委员会以及多位委员的指导和大力支持，并已列入教育部高等学校建筑类专业教学指导委员会建筑学专业教学指导分委员会的规划推荐教材。

城市设计是一门正在不断完善和发展中的学科。基于可持续发展人类共识所提倡的精明增长、城市更新、生态城市、社区营造和历史遗产保护等学术思想和理念，以及大数据、虚拟现实、人工智能、机器学习、云计算、社交网络平台和可视化分析等数字技术的应用，显著拓展了城市设计的学科视野和专业范围，并对城市设计专业教育和工程实践产生了重要影响。希望《高等学校建筑类专业城市设计系列教材》的出版，能够培养学生具有扎实的城市设计专业知识和素养、具备城市设计实践能力、创造性思维和开放视野，使他们将来能够从事与城市设计相关的研究、设计、教学和管理等工作，为我国城市设计学科专业的发展贡献力量。城市设计教育任重而道远，本套教材的编写老师虽都工作在城市设计教学和实践的第一线，但教材也难免有不当之处，欢迎读者在阅读和使用中及时指出，以便日后有机会再版时修改完善。

主任：王建国

教育部高等学校建筑类专业教学指导委员会
建筑学专业教学指导分委员会
2020 年 9 月

前言

城市设计与人类城镇建设的探索实践历程同样漫长，其间充满了各种摸索与尝试、研究与实践、总结与传播、批判与创新。1960 年代后，现代城市设计的理论与实践更是得到长足的发展。1980 年代后，城市设计在中国开始受到关注、研究和实践，尤其是近年来更是得到普遍且高度的重视。如今，城市设计作为一种知识体系和技能要求，已经广泛地渗透到建筑类专业的人才培养体系和过程之中。

城市设计的知识和实践形式浩瀚且多元。万事开头难，作为《高等学校建筑类专业城市设计系列教材》之一的《城市设计基础》，其最主要的目的在于引导建筑类专业的本科同学进入城市设计这个学习领域，初步领略"城市设计"领域的大致情形，学习和了解该领域的基本概念、知识架构和实践状态，为今后更系统且深入地学习打下基础。基于这一目标，本教材的编写更重视城市设计的入门导览，在篇章组织上注重基本架构的简明易辨；内容选择上尽量删繁就简，直观可感；在编写语言上努力做到平实易读，并因循各章节的具体内容采用相对适宜的知识传导策略，而不强调行文风格的统一。本教材把"形态与场所"和"认知与设计"作为兼顾城市设计知识与实践的基本架构，这可能更方便初学者的阅读，但也显然面临知识及技能传播的深度不足和挂一漏万的危险，这一点需要给予本教材的使用者以特别的友情提醒。

参加该《城市设计基础》编写的各章执笔老师如下：
第 1 章　概览　韩冬青；
第 2 章　形态　王　正；
第 3 章　场所　吴锦绣；
第 4 章　方法　徐小东；
第 5 章　练习　冷嘉伟。

本教材编写过程中得到王建国院士的亲自指导和审阅，城市设计系列教材编写组的各位专家学者给予了大力的支持和指教，同济大学建筑与城市规划学院、天津大学建筑学院、华南理工大学建筑学院、重庆大学建筑城规学院、哈尔滨工业大学建筑学院和西安建筑科技大学建筑学院等建筑院校提供了宝贵的课程教学案例资料，许多学者和朋友为本教材提供了文献资料信息和摄影图片，东南大学建筑学院博士研究生孙丽君和硕士研究生程可昕、程孟晴、陈宇祯、任宇、关芃、徐心菡、蔡恒屹等参与了该教材部分内容的撰写、插图绘制及版式试排等工作。中国建筑工业出版社教育教材分社社长高延伟同志和陈桦、王惠等老师给予了热心的指教和支持。对于上述各位及未及一一列出的支持帮助者，在此呈上衷心的致敬和感谢！

　　本教材的编写难免尚有错误和不足之处，敬请各位学者同行和读者提出宝贵意见，以便今后修编工作中订正和优化完善。

韩冬青

2020 年 6 月 22 日

目录

第 1 章
概览

本章要点：

- 初步了解城市设计的概念、内容与特点。
- 初步了解城市设计的发展历程。
- 初步了解城市设计与建筑学、城乡规划和风景园林等专业的基本关系。
- 初步了解城市设计学习的基本知识和能力架构。

当我们漫步城市，各种建筑、街道、绿地以及人们在其中的种种活动令人目不暇接。直观地看，城市是建筑和室外开敞空间的集合，它们被道路等市政设施联系在一起，从而形成一种综合环境；从功能上看，城市是支撑人类经济、社会、文化活动的物质基础；从进程上看，城市是历史上各种人为建设活动累积、调整和发展的阶段性结果。城市中的各种物质要素是如何被组织起来？或者说如何科学且艺术地组织安排这些不同的要素，从而形成功能有序、美观协调、特色鲜明、内涵丰富的整体城市空间环境？这种专业工作就是"城市设计"。

1.1　城市设计的概念与内涵

城市设计是一门把城市中各种形体空间要素科学且艺术地组织起来，以形成一种系统的、整体的，城市空间环境的学问，是以城市物质空间环境为主要对象所进行的有意识的整体性设计，这种人为的设计行为与城市特定的背景条件和城市建设目标相联系。关于城市设计的概念或定义，有着各种不尽相同的理解和看法。无论出自何种理解，城市设计都是一种从思想意图通过创造性的构想和综合性的操作而付诸规划、设计和建设实践的重要手段和过程。

第一，城市设计是建立在对城市的理解基础之上的，在城市中可以看到街道、广场、建筑群、公园绿地等多姿多彩的环境，我们把这些可以看到、可以体验的有形环境称之为城市的物质空间环境。城市的物质空间环境包含了各种不同的物质要素。例如，街道或广场由建筑物、地面、树木、环境小品等要素共同组成。在街道环境中，沿街的店铺连续排列，并形成一种纵向的线性空间（图 1-1）。如果这些建筑构成一种围合的公共空间环境，那就形成了广场（图 1-2）。在城市公园中，可以看到绿地、林木、水面、间或还有小卖部、茶室等公共服务设施（图 1-3）。在这些物质空间环境中，尽管都有建筑、树木、小品等要素，但街道中的建筑连续而密集，公园中的建筑则常常是分散的，绿地却是连续的。因此，街道空间具有明确的界面和方向性；而公园则主要是绿色的开敞空间。可见，即便是类似的要素，由于其彼此间的组织关系不同，而令其环境大相径庭。各要素之间这些不同方式、不同程度的组织联系方式称之为要素间的"结构"。同时，我们要认识到，城市的物质空间环境是为人的工作和生活服务的，是不同地域、不同时代的社会、经济、文化、审美的体现。城市的物质空间环境是不断累积、变化和发展的，在城市的历史进程中，一些失去意义的要素被逐渐淘汰，有些要素则因其特定的价值被作为城市的遗产而得到保护和继承。

第二，城市设计作为一种创造性工作，设计是核心，关于城市的诸多理解最终都是为了促进城市设计的科学性和创造性。城市设计的一个重

图1-1　武汉黎黄陂路步行街

图1-2　西班牙巴伦西亚王后广场

图1-3　南京玄武湖公园

要特征，在于其是一种综合的整体的设计。它并非针对建筑物或道路等某种环境要素的孤立设计，更重要的是要对各种相关要素间的组织结构进行设计，做出安排。正是对物质要素及其组织结构的全局性布局安排，才能使城市环境和谐有序，成为鼓励和促进人的多元活动的场所。城市设计不仅关注空间环境的整体性，同时还关注城市空间发展的历时性演化，关注城市建筑遗产的保护与利用。城市设计以人为本，通过一系列综合手段赋予城市物质空间环境以整体秩序，由此促进自然、社会、经济、文化的可持续发展，彰显城市空间环境的个性魅力和城市特色。

建设舒适宜居、运行高效、富有内涵和特色的城市人居环境是一个永恒的主题。通过城市设计，可以塑造城市环境的空间秩序，接续城市文脉的历史积淀，并使人们能够感受和体验置身城市的生活意涵、品质之美和文化特色。

1.2　城市设计的主要内容和特点

广义地看，城市设计的内容对象范围非常宽阔，它可以大到区域与城市的整体设计，也可以小到城市的景观小品。具体的城市设计实践是分尺度层次进行的。通常，我们可以从宏观到微观把城市设计分为三个层级。即宏观的区域—城市级大尺度城市设计、中观的片区级城市设计和微观的地段—地块级城市设计（图1-4）。城市设计越是趋于宏观，就越是倾向从城市的山水格局、土地利用布局、交通廊道骨架、开敞空间结构等方面为城市规划提供一种基于城市形态架构、整体公众利益和大尺度城市特色的纲要性设计准则；越是趋于微观，就越倾向与街区或建筑群等具体的工程项目尺度相对应，从而为某个地段、街区、建筑组群或场所的设计和建设提供相对明确且利于操作的控制和引导。城市设计

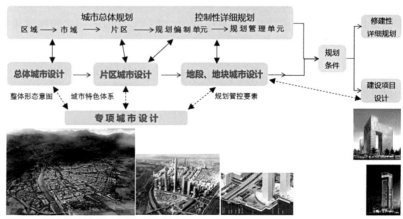

图1-4　城市设计的层级分类及其与城市规划和建设项目设计的关系

又可以从其对象或目标意图分为多种类型。从特定的环境对象看，有面向新城、新区开发或是旧城更新、历史街区保护的城市设计等，或是如中心商业区、住区、大学校园、交通门户区城市设计等，再例如滨水地带、沿山地带城市设计等。从目标意图看，城市设计又常常可以表现为不同的设计研究专题，如城市高度或轮廓线控制、城市公共空间体系的控制与引导等。不同的城市设计尺度和类型，既有共性的价值指引和专业理论基础，又可能在具体的研究视野、分析方法、设计内容、工作深度、工具运用等方面存在不同程度的差异。

城市设计的首要特点在于其整体性，它的主要关注点不在于建筑、道路、景观等各物质要素自身本体的设计，而是要对各种不同要素的类型特征及其相互之间的整体关系和组织方式做出判断和设计；第二，城市设计具有极强的综合性，它需要协调与城市环境相关的诸多要求与愿景，是价值观、科技理性、人文创意的统一，是城市物质空间环境的量（如容积率、密度、高度等）、形（如构形关系、几何特征、形式特征等）、质（如环境性能、行为心理、文化品质等）的统一与统筹；第三，城市设计的存在方式具有多元性和广泛性，城市设计的观念和方法广泛地存在于不同层级的城市规划、园林绿地规划、建筑单体和群体设计、道路交通等市政设施的规划设计之中，因此可以说是横跨城市建设各相关行业的一种融贯性的专业通识。

1.3　城市设计的发展

1.3.1　外国古代的城市设计[1]

城市设计的实践与城市文明的发展相生相伴。村落是城市的起点。公元前 5000 年，埃及、美索不达米亚、伊朗和小亚细亚等地因农业的发展而出现村落。物产的交换与流通和聚居地的防卫促发了城镇的兴起。早期的城镇与地区的生物气候、山川地形具有密切的联系（图 1-5）。早期城镇已出现对土地划分和几何形式的运用，原始宗教在其中具有重要影响（图 1-6）。其中，希腊和罗马的城市与建筑文化 2 000 余年来脉络不断，成为西方建筑学和城市设计的重要渊源。

古希腊时期的雅典卫城是城市设计史上的传世经典。雅典卫城建于山岗台地，它既是一处宗教圣地，又是重要的城市公共活动中心。雅典卫城对山岗地形的巧妙利用、重要建筑的空间布局、活动流线的有序安排和对城市特色景观的塑造一直为后人所敬仰和研学（图 1-7）。公元前 5 世纪的米利都城重建规划在西方首次采用正交的十字格网，它标志着城市建设中的神秘主义思想已经开始转向一种新的理性标准（图 1-8）。此后，古罗马城也采用了类似的格网布局。

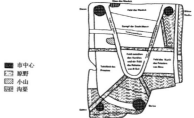

市中心
原野
小山
沟渠

图 1-5　在尼普尔（Nippur）发现的一小块城市版图

图 1-6　新巴比伦城市

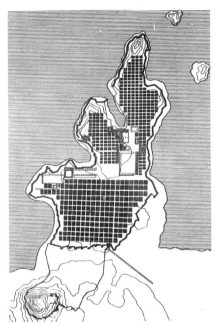

图1-8　公元前5世纪希波丹姆斯规划的米利都城市总平面

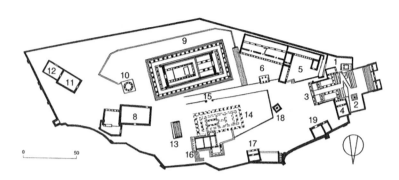

图1-7　希腊雅典卫城

1 雅典胜利女神庙；2 纪念碑；3 入口；4 绘画陈列馆；5 水神泉馆；6 帕提农山门；
7 铜器陈列馆；8 宙斯圣地；9 帕提农神庙；10 圆形神殿；11、12 西拉神殿；13 雅典娜祭坛；
14 古风时代波利亚斯的雅典娜神庙；15 山门；16 伊瑞克缇圣殿；17 库房；
18 普罗马的雅典娜立像；19 仓库

古罗马时代随着帝国的扩张，城市数量已以千计，并有了正式的城市布局规划。古罗马从希腊城镇遗产中继承并加以转换，街道和广场的设计意图得到强化。罗马、庞贝、维罗纳、博洛尼亚等都是此时期的著名案例（图1-9，图1-10a、b）。古罗马还开创了军事要塞城镇设计的范式，并极大影响了此后欧洲城市的设计格局（图1-11）。维特鲁维的名著《建筑十书》对城市和建筑设计的规范性所作的总结和论述成为世界建筑学领域的古典文献。

图1-9　罗马中心区遗址

（a）

图1-10　庞贝古城
（a）古城遗址；（b）总平面

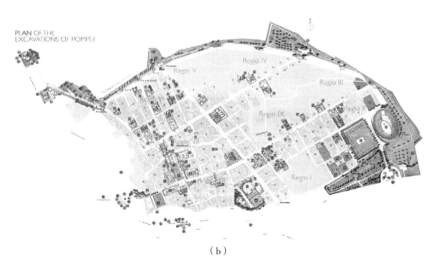

（b）

阿拉伯世界的城市深受伊斯兰文化的影响，到了中古时期有了明显的发展，与古希腊和古罗马城市的丰富性相比，更重视宗教、军事要求和统治阶层的享乐目的。其代表性案例有伊斯坦布尔、巴格达、伊斯法罕和格拉纳达等（图 1–12a、b）。由清真寺控制的城市轮廓线、商业大巴扎（Bazzar）、内向的庭院建筑构成了伊斯兰城市的特色景观。

图 1–11　西班牙要塞城市托莱多

1– 上阿尔罕布拉；2– 卡洛斯五世皇宫；3– 阿卡萨巴碉堡 & 军械广场；4– 纳塞瑞斯皇宫；5– 轩尼洛里菲花园
（a）　　　　　　　　　　　　　　　（b）

图 1–12　西班牙格拉纳达阿尔罕布拉宫
（a）总平面；（b）庭院

中世纪的欧洲城市在城市设计的发展史上具有重要地位。中世纪城市大致可分为三大类型，即罗马帝国遗留下来的要塞型城市、以封建领主城堡和教堂为中心发展起来的城堡型城市、在商业和交通活动基础上发展起来的商业交通型城市。意大利的锡耶纳、佛罗伦萨、威尼斯、热那亚等都是当时著名的欧洲先进城市（图 1–13，图 1–14a、b）。这些城市结合其山岗、平原、河网、港口等得天独厚的自然条件，通过街道和广场组织宗教活动、商业贸易、日常生活，形成了独具个性的城市特色，也为后世城市设计留下众多优秀的范例。

文艺复兴始，科学思想和人文精神成为推动城市发展的重要力量。著名的建筑思想家阿尔伯蒂继承古罗马维特鲁威的思想体系，他强调城市建设的理性原则和人的主观能动性；强调地形、土壤、气候对城市格局的影响；强调便利与美观的双重价值主张。他的思想影响了当时一批城市设计家，并由意大利传向法国、德国、西班牙等，为此后西方的城市设计奠定了思想基础（图 1–15）。16 世纪出现的巴洛克（Baroque）城市设计风格突出强调城市空间的运动感和景观序列，发展出环形加放射的城市道路格局（图 1–16）。这种主动构想城市空间秩序的意识和技法影响深远。

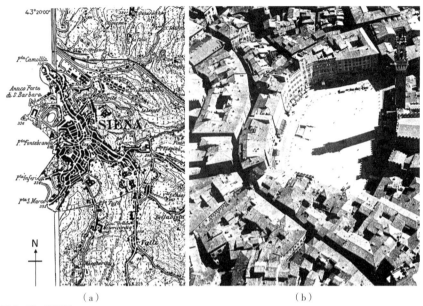

图 1-13　锡耶纳
（a）平面图；（b）广场

图 1-14　热那亚
（a）1573 年图；（b）老城远眺

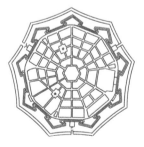

图 1-15　按照理想城市规划的
意大利北部城市帕马诺瓦（16
世纪末）

图 1-16　德国卡斯鲁尔

1.3.2　现代城市设计

18 世纪工业革命后，西方城市从规模到内涵都发生了深刻变化，城市物质空间环境也随之而改变。新的军事武器运用使古代城墙失去防御意义；工业化进程使城市规模快速发展，功能急剧改变；新型交通、通信技术和设备的运用大力促进了城市空间的扩张与重组；城市变得更具开放性。在欧洲经历工业化剧变的时代，伊迪芬斯·塞尔达（Ildefons Cerda）发表著作《城市设计的一般性理论》（1867），卡米罗·西特（Camillo Sitte）提出"根据艺术性原则进行城市建设"（1889），他们指出，城市设计既是科学，也是艺术，从而为城市建设再次辨明方向（图 1-17）。克里斯托弗·列恩（Sir Christopher Wren）主持的伦敦重建规划、奥斯曼（Georges-Eugène Haussmann）主持的巴黎改建计划、郎方（Pierre Charles L'Enfant）主持的美国华盛顿规划设计等是这一时期城市规划设计的著名案例（图 1-18，图 1-19a、b）。19 世纪末，欧洲开始进入都市时代，但城市边缘的生长和内部空间环境的变化普遍失序。专业领域逐渐认识到，城市的发展应当被视为一个整体。19 世纪末，德语区开始有了主动的"城市设计"主张，把城市划分为居住区、中心区、工业区等，以便控制不同功能之间的冲突。这一时期，还有许多理想城市的方案被提出。其中柯布西耶的"现代城市"模型的影响尤为深远（图 1-20）。

图 1-17　赛尔达规划设计的巴塞罗那总图

主轴线：L 罗浮宫、C 协和广场、E 星形广场
横轴线：R 皇家宫殿、工法兰西学院、Lo 卢森堡公园、Pa 国会、Ma 圣母教堂、G 大宫殿、P 小宫殿、H 残废军人收容院、T 交易所、Ei 埃菲尔铁塔、M 军事学校

图 1-18　奥斯曼改造后的巴黎街道轴线结构

（a）

（b）

图 1-19　华盛顿
（a）郎方的规划设计；（b）鸟瞰图

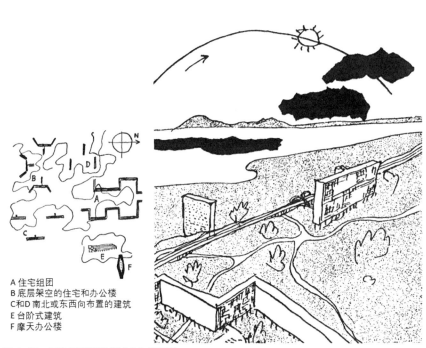

A 住宅组团
B 底层架空的住宅和办公楼
C 和 D 南北或东西向布置的建筑
E 台阶式建筑
F 摩天办公楼

图 1-20　柯布西耶的现代城市构想草图

图 1-21　芝加哥城市鸟瞰

第二次世界大战后，发达国家经过战后重建，经济得到长足发展，西方国家的许多城市再一次快速发展（图 1-21）。但仅仅依赖物质形体布局的建设思路往往只是促进了城市物质条件的改观，对环境品质尤其是文化内涵的忽视导致城市的历史文化遗产受到威胁，城市中心区衰退甚至出现空心化。同时，城市规划与建筑设计的日益分离也加剧了城市空间环境的割裂。在这样的背景下，城市设计的议题被再一次提出。1960年代，美国哈佛大学设置城市设计专业，这被认为是现代城市设计的开端。城市设计被作为整合城市空间环境和传承历史文脉的重要手段，注重人的精神诉求、注重城市建筑遗产的保护成为这一时期城市设计的重要议题。现代城市设计不再局限于传统的空间美学和视觉艺术，而是以"人—社会—环境"为核心，强调包括生态、历史、文化在内的多维度复合的综合环境，从而提高城市的宜居性，促进城市环境建设的可持续发展。从国际现代建筑协会（CIAM）1933 年的《雅典宪章》到 1977 年的《马丘比丘宪章》，可以看到此间设计思想的重大演变。前者认为城市应按照"居住、工作、游憩、交通"进行功能分区规划；后者则强调规划过程应包括经济计划、城市规划、城市设计和建筑设计，必须对人类的各种需求做出解释和反应，要提供与人的要求相适应的服务设施和城市形态。不仅要保存和维护好城市的历史遗址和古迹，而且要继承普遍的文化传统。1960 年代以来，城市设计理论与实践取得一系列重要成果，许多著名的城市设计学者以一系列重要著作影响了这个时代的城市设计进程，如英国建筑师和城市规划家费雷德里克·吉伯德（Fredderik Gibberd）的《市镇设计》、美国学者埃德蒙·培根（Edmund Bacon）的《城市设计》、乔纳森·巴奈特（Jonathan Barnett）的《城市设计概论》和《作为公共政策的城市设计》、哈米德·胥瓦尼（Hamid ShirVani）的《城市设计过程》、柯林·罗（Colin Rowe）和弗里德·科特（Fred Koetter）的《拼贴城市》、意大利建筑家阿尔多·罗西（Aldo Rossi）的《城市建筑学》、克利尔兄弟（Rob & Leon Krier）的《城镇空间》、美国凯文·林奇的《城市意象》（1960）和《城市形态》（1981）、简·雅各布斯（Jane Jacobs）的《美国大城市的死与生》、亚历山大（Christopher Alexander）的《城市并非树形》和《模式语言》、日本建筑师芦原义信的《外部空间设计》、英国学者比尔·希列尔（Bill Hillier）的建筑组构理论、景观设计师和规划师伊恩·麦克哈格（Ian Lennox McHarg）的《设计结合自然》等。1970 年代后，随着能源危机和环境危机的显现，可持续发展的理念对城市设计领域产生重大影响，绿色城市设计成为新的时代主题。这一时期，用于城市设计研究和实践的各种分析技术和工具取得长足进步，作为城市空间管理的各种政策、手段和工具也到普遍发展。城市设计的思想和方法在国际的交流与互动日益广泛。

1.3.3　中国的城市设计

中国古代最早的城市始于殷周时期。中国古代城市建设深受儒家和道家思想的影响。自周朝始，礼制扩展为敬天礼祖、尊统于一、贵贱有别等一系列等级制度与行为规范。道家则强调天人合一、道法自然的思想。以礼制为基础，结合《周易》等古代哲学思想，在公元前 11 世纪形成了我国古代相对完整的城市建设的"营国制度"，《周礼·考工记》中说"匠人营国，方九里，旁三门，国中九经九纬，经涂九轨，左祖右社，前朝后市，市朝一夫"。东周都城洛邑是按礼制格局营建都城的早期案例（图 1-22）。宫城居中、尊祖重农，尊卑有序、均衡稳定的理想城市模型深刻影响了我国古代都城及府衙县衙城市的基本形制与格局。西汉长安、唐长安、北宋汴梁、元大都均是我国古代都城中的著名案例（图 1-23、图 1-24）。

明清时期的北京城，以宫城为核心的向心格局，和自永定门到钟鼓楼南北长 7.8km 的城市中轴线，成为世界城市设计史上与众不同的杰出案例（图 1-25）。中国明代南京城则因借山水格局，巧用前朝设施，开创了因地制宜不拘一格的都城格局范式（图 1-26a、b）。这些古代都城典例反映了中国古代城市建设中由政权主导的"自上而下"的制度力量。而社会经济的变革和生产力发展则促发了城市建设中"自下而上"的民间智慧。宋代废除里坊制后，尤其明清以降，资本主义经济萌芽，中国城镇得到显著发展。江南地区商贸活跃，文化发达，在水网密集的地区，自发生长式的城镇创造了一系列布局灵活、特色鲜明的水乡城镇（图 1-27a、b）。在建造体系上，中国传统木构建筑由开间和举架构成"间"，间与间的组合构成屋。

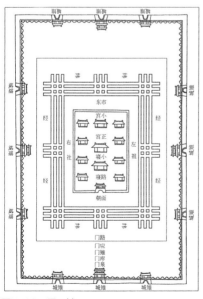

图 1-22　周王城

与院的组合形成合院，合院的组合则可延伸出多样且有序的建筑空间群体。这种由局部到群体的组织体系，体现了一种具有鲜明的类型特征和形态组织特征的整体设计思想和方法，并具有广泛的适应性。中国地缘广阔，东西南北中，特定的地理环境和民族文化也催生出与其自然气候、地形地貌、生产和生活密切相关的城镇特色风貌（图1-28a、b）。这些特色鲜明的传统城镇形态和风貌及其所蕴含的城市建设思想、方法和技术已经成为值得大力挖掘和研究的中国传统城市设计的宝藏。

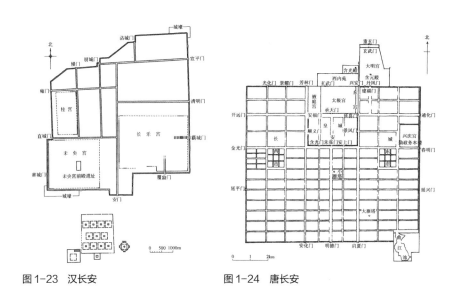

图1-23　汉长安　　　　　　　　　　　　　　　图1-24　唐长安

图1-25　明清时期的北京城

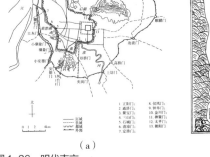

（a）

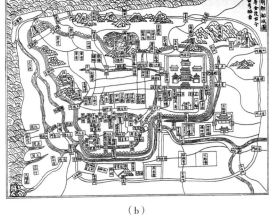

（b）

图1-26　明代南京
（a）套城结构（外廓—都城—皇城—宫城）；（b）都城图

图 1-27 苏州
（a）水街风貌；（b）宋平江图（苏州古地图）

图 1-28 街巷
（a）云南大理沙溪古镇街巷；（b）青海塔尔寺外巷道

　　近代开埠以来，天津、青岛、大连、上海、广州等城市的发展和建设反映了中西方思想、文化和技术的碰撞和融合，也开始展现中外不同城市设计思想的并存和交融（图 1-29）。到了 1930 年代，上海和南京等地已经开始步入现代城市规划与设计的时代。

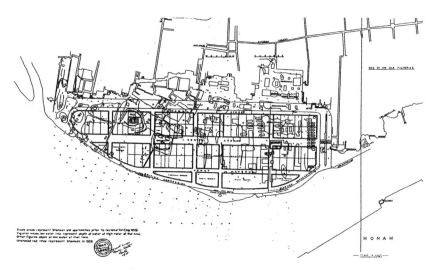

图1-29 广州沙面
1860年代的广州沙面租界规划平面

 1949年中华人民共和国成立后，在国家计划经济的指导下，城市在优先发展工业生产和人民生活保障的进程中得到发展。1970年代末，随着中国改革开放的进程，市场经济体制为城市发展注入新的巨大动力。1980年代起，国际现代城市设计的理论和方法逐渐被引入中国。上海、南京、深圳等地率先开始了城市设计的实践探索。1990年代后，由中国学者编著的《现代城市设计理论和方法》（王建国，1991年）等城市设计理论著作陆续出版发表。城市设计的实践得到多样的探索。一批建筑院校开始开设城市设计课程。2000年后，中国城市设计进入繁荣发展的时期，学术研究和多样化实践结出丰富成果（图1-30，图1-31a、b）。2015年12月中央城市工作会议后，城市设计受到空前且普遍的重视。2017年3月，住房和城乡建设部发布《城市设计管理办法》。城市设计的规范化及其法规地位显著提升。城市设计在理论研究、实践探索、技术法规体系建设和人才培养等方面都已步入快速发展和转型发展的新进程。

 城市设计的思想、方法、技术在城市文明的进程中不断演进，并在不同历史时期和不同的国家和地区展现出共性与差异并存的状态。总的来看，现代城市设计已发展为一种综合性的城市环境设计。城市设计的思想和实践策略的演变与社会、时代及城市使命的发展主题密切相关。其直接的作用对象以城市物质空间环境为主要本体，而其核心的价值导向是保障城市的公共利益，并兼具文化传承与环境可持续发展的责任，促进"人—社会—环境"的协调发展。在方法上，城市设计一方面具有其特有的技术、工具和过程，同时又具有明显的跨学科交叉融合的特点。在组织方式上既需要专业机构的操作和驾驭，又鼓励公共的参与，并在实施上体现为城市建设相关的一系列连续的决策过程。

图 1-30　杭州西湖东岸景观提升城市设计鸟瞰图

（a）

（b）

图 1-31　北川新县城
（a）汶川大地震灾后重建中的北川新县城城市设计总图；（b）建成后的北川新县城鸟瞰

1.4　相关专业语境下的城市设计

现代城市设计具有比较明确且多样的对象目标，也初步具备了一定的思想体系及其原理、方法、技术和工具，可以是一个相对独立的专业。国际范围内许多院校已开设了城市设计专业，且多作为建筑类硕士学位教育中的一个专业或培养方向。更为普遍的是将城市设计作为建筑学、城乡规划、风景园林等专业的一种共同知识领域，并以课程及设计练习的形式落实到专业教育的实施计划中。随着人居环境建设和城镇化发展的现实需求，城市设计作为本科建筑类专业的必要知识构成和技能要求，已经日益重要且迫切。

直到 18 世纪，城市规划和城市设计基本是同一回事，规划、建筑、景观也都属于建筑学的范畴，建筑师同时担负城市规划与设计的工作。工业革命后，城市化的速度、规模、内涵发生剧烈变化，城市面临人口、产业、居住、交通等一系列新问题，以传统建筑学的知识结构和方法已经难以回应这些复杂问题。城市变革的现实需求促成了城市规划从建筑学中分离出来。而城市设计则长期并存于城市规划和建筑学内部，是两个学科最明显的共同领域。1960 年代后城市设计作为一个专有名词进入学界的视野，并日益受到关注，很大程度上是因为现代城市规划已逐渐向经济、社会和政策的方向演化，城市中与人的生活感受密切相关的形体空间环境设计受到忽视，从而导致城市环境的宜居品质和文化意义受到挑战。城市规划从建筑学中剥离出去以后，建筑学的研究和建筑设计行业一度转向对建筑自身的专注。建筑设计通常有其特定的场址和业主，一旦失去了对城市环境的整体意识，建筑就很容易成为城市中的"孤岛"，而难以肩负起作为城市大环境中一分子的责任。现代城市设计的兴起，一方面是为了弥补现代城乡规划与建筑学分离以来各自的不足，同时也成为两者之间的桥梁和纽带。

1.4.1　城市设计与城市规划

城市设计既是城市规划的有机组成部分，又具有其相对的独特性，这种独特性主要表现在三个方面：一是驾驭城市物质空间环境各部分之间的结构关系，例如街道与建筑的关系、城市生态绿地与建设用地的关系、城市重要景点与景观视觉廊道的关系，等等；二是关注人与物质空间环境的关系，如街道或地段风貌的可识别性问题、公共活动区域（商业区、交通门户区）的步行体系等；三是着重城市公共生活场所的布局和塑造（如广场、街心花园、社区共享空间）。同时，城市设计与城市规划常常在工作对象上具有共同性，因而具有密切的衔接关系。在城市总体规划、详细规划的不同层面，都包含了城市设计的内容，只是在对象尺度和工作深度上有明显差异。

1.4.2　城市设计与建筑设计

城市设计和建筑设计都是一种空间艺术，都关注实体与空间的关系。

建筑形体的外立面恰恰是城市空间的内立面，内与外是相对的。城市中的建筑是一种公共产品。一个好的建筑作品不仅仅是内部的完善，还必须考虑它对城市整体空间环境的意义和表现。因此，建筑师只有恰当并充分地理解建筑在城市诸系统中所扮演的角色和定位，才能有效地驾驭建筑与城市空间的各种联系。这种联系表现在公众行为的、空间的、交通的、色彩的、景观的、文化的等方面。例如，街道建筑需要尊重街道空间界面的连续性，街区建筑需要融入周边的肌理，交通枢纽建筑需要衔接周边的城市功能和动线等。在城市的构成日趋复杂的当代，建筑师必须拥有观察城市的视野，对城市的理解已经成为建筑师的必备知识。对城市设计的学习不仅有利于提升建筑设计的能力，同时也是建筑师参与城市规划与设计，融入城市建设全过程的必要路径。

1.4.3　城市设计与风景园林

城市设计与风景园林的规划和设计同样具有密切的关联。风景园林学是关于大地和户外环境设计的科学和艺术，其核心是协调人与自然的关系。风景园林是一个地域综合状况的反映。空间与形态营造、景观生态和景园美学构成了风景园林学的三大知识领域。从各自狭义的处理对象看，城市设计主要针对城市的建设区，风景园林则主要处理非建设区（如公园、水域、农田或森林等）。然而，城市建设区与非建设区常常是唇齿相依的。换句话说，城市设计与景园规划设计在对象和方法上必然有许多交集。一方面，城市设计的相关理论和方法是景园规划和设计中空间与形态营造体系的重要支撑；另一方面，对城市物质空间环境的整体理解又为城市景园的规划和设计视野所必须。

综上所述，城市设计、城乡规划、建筑学和风景园林具有共同的源起，都是人居环境建设的有机组成部分。城市设计是建筑学、城乡规划和风景园林专业的共同知识基础和技能要素的一部分。同时，城市设计在这三大专业领域又可能具有不同的存在方式，在各自执业的不同层次、不同维度和不同阶段发挥积极作用。反之，建筑学、城乡规划学和风景园林学的部分知识要素也是补充城市设计知识体系的重要来源。其彼此之间是一种差异性、互动性、渗透性共存的有机关系。城市设计可以是一个相对独立的专业领域，又以一种渗透的姿态而成为各个彼此密切关联的专业内容的一部分。无论置身于建筑类中的哪一个专业，我们都可以通过城市设计的学习，建立城市、建筑、风景园林之间的整体性和连续性的认识，养成系统优先和环境优先的大局观，逐步掌握有关城市整体设计的知识和技能。

1.5　关于本书的组织架构

　　城市设计与城镇的发生和发展如影随形，这一领域的理论和实践成果浩瀚而多样，并随着地域的差异和时代的变迁而展现出变化与演进的姿态。无论从学习的角度，还是从研究或是实践的角度看，都有必要对这一领域的知识体系作出一定的理解。作为一种专业领域，城市设计是理论与实践的统一体。了解城市设计的基本知识架构，有助于我们比较方便地进入这一领域，且更为有效地学习和探索。城市设计主要研究城市物质空间形态的建构机理和场所营造，是对包括人、自然、社会、文化等因素在内的城市人居环境所进行的设计研究、工程实践和管理活动。从理论的角度看，城市设计的知识体系包括认知性理论和规范性理论。所谓认知性理论主要是解决如何观察和理解既有的城市物质空间环境；所谓规范性理论则是要探讨不同价值观引领下的城市设计目标与构想。从实践的角度看，城市设计又必须依赖有序的设计方法，以及城市建设管理工作中的各种协调、控制与引导措施。作为面向初学者的读本，本教材按照形态与场所两个基本领域和理论与实践两个基本维度展开，"形态—场所"和"认知—设计"构成了本书中相互交织的核心架构（图 1-32）。

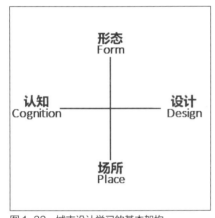

图 1-32　城市设计学习的基本架构

1.5.1　认知

　　"形态"和"场所"是关于城市物质空间环境的认知体系中最基本的两个视角领域。城市认知就是对城市环境的观察、理解和评价。我们可以把对城市物质空间环境的观察大致分为两种视角或姿态，其一是形态，这是一种是外视的视角；其二是场所，这是一种内视的视角（图 1-33）。

　　形态

　　假设人们置身于城市的外部，对城市采取一种鸟瞰的姿态，那么，就会看到由建筑物、街区、地段以及彼此的不同组合而构成的一种城市结构肌理。鸟瞰的距离越近，就越容易分辨建筑与建筑之间的组合关系（建筑的密集程度和建筑形体的排列方向）；随着距离的推远，我们就能观察到城市道路、街区和公园之间的关系，可以看到城市中心区与居住区的关系；再高再远，我们就能够发现城市的边缘以及城市与自然山水和广袤的田野之间的大格局（图 1-34a~c）。不同要素如何构成局部？局部又如何构成城市的整体？为什么是这样的构成？城市形态学就是专门研究这类问题的学问。城市的物质形态反映了城市中的要素、局部与整体的几何性组织结构（图 1-35）。这些物质形态与人和社会有着密切的联系，换句话说，我们不仅要研究物质形态，还要理解和揭示其动因和社会意义。因此说，城市形态是物质空间与其社会意义的统一和连续。同

佛罗伦萨老城形态分析

图 1-33　形态与场所作为观察城市的两种视角（佛罗伦萨）

（a） （b） （c）

图 1-34 不同视域层级下的南京城市肌理
（a）主城区；（b）老城区；（c）新街口地段

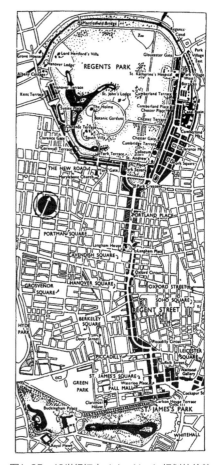

图 1-35 19世纪初由 John Nash 规划的伦敦摄政大道，体现了街道、公园与建筑之间的组织秩序

时我们要看到，城市的形态不是一日形成的，而是大多经历了长期的积累、更替、改变、增长、萎缩。因此，城市形态是动态的，形态的演变同样是形态观察和研究的重要内容。

场所

如果我们来到城市的内部，就会发现我们已经置身城市中的不同场所之中。你可以在街道上看到步行的人流，在街心绿地小憩或与朋友聊天，广场上演着各种生活的小品，社区的空地上老人健身和孩子嬉戏。在这里，由建筑、地面、树木等形成的城市空间不仅仅是一种几何的、物质的存在，也同时包容了人的活动和情感。因此可以说，场所是一种与人的行为、心理以及社会关系相联系的特定空间环境。场所有不同的空间尺度、不同的几何特征、不同的活动功能、不同的文化氛围，从而形成场所的品质和个性（图 1-36 ~ 图 1-39）；不同的空间场所之间会形成连续或分离、渐变或跳跃，从而形成城市中不同的景观序列。不同的场所特质支持也可能制约人的社会性行为，不同的场所营造维系也可能割裂人们对城市的文化认同和记忆。

以上，我们可以粗略地了解到城市形态与城市场所的不同概念和意义。如果说"形态"主要是对城市中各个要素和局部之间组织结构的驾驭，那么，"场所"就是对城市中不同公共空间质与量的塑造。城市形态和场所的认知需要依赖具体的分析方法、技术与工具，这正是本书在第 2 和第 3 章里讨论的内容。形态与场所不仅是认识城市的两个重要途径，反之也是城市设计创作的核心内容，认知是设计的基础，设计是认知的衍生。

1.5.2 设计

城市设计不仅是一种可以相对独立的学术领域，也已经全面渗透到城市规划、建筑设计、风景园林规划设计的多元实践之中。城市设计既

图 1-36　广州老城的骑楼空间

图 1-37　东京新宿的街头表演

图 1-38　维也纳市中心步行街

图 1-39　迪拜老城区小广场

需要科学理性，也需人文创意，是价值观、知识、技能的统一。即便是历史上那些美妙而并非专业操作下的城镇，其实也是自下而上设计智慧的积淀。总体上看，城市设计的系统性和整体性主要表现在形态的层级性和连续性、场所的宜人性、功能的综合性、风貌的协调性、历史的传承性等方面。本书的第 4 章主要讨论城市设计的工作内容与过程，这将使我们初步地了解城市设计的一般方法特征。第 5 章将简要地介绍城市设计作为一种专业实践的主要类型和形式，并结合教学案例展现城市设计练习的多样性。前后相互联系的两个章节，一方面粗略地勾勒了城市设计工作的基本方法逻辑，另一方面也简要呈现了城市设计广阔且多姿多彩的实践形式。值得一提的是，即便对于未必从事专业性城市设计的建筑师、规划师或者景园设计师而言，了解城市设计工作的原理、方法和技术，对于构建设计思想、拓展设计视野、协调设计业务仍然具有必要且积极的意义。

课后思考题

1. 什么是城市设计？为什么要学习和研究城市设计？
2. 城市设计的基本知识架构有哪些基本维度？这对以下各章节的学习有什么作用？

参考文献

[1]　王建国，城市设计（第 3 版）[M]. 南京：东南大学出版社，2011：4-23.

第 2 章
形态

本章要点：

- 建立城市形态的基本概念，理解城市形态研究包含的物质空间形式构成、演变、成因和效应等多方面内容。
- 理解城市形态认知的多种视角，建立城市物质空间形态的认知层级、认知框架，理解不同层级城市形态构成的物质空间及形式要素、形态描述的常用概念，建立理解城市形态构成的两种逻辑视角。
- 理解形态设计在城市规划建设中的关键作用，了解形态设计的主要内容和价值判断因素，理解形态设计常用的逻辑方法。

2.1　形态的概念

2.1.1　什么是城市形态

城市对大家来说并不陌生，我国已经有半数以上的人口生活在城市中。那么什么是城市呢？我们说，城市是人类所生存的地球环境中的一类，区别于自然物主导、人迹罕至的自然环境和农田、牧场、村舍主导的乡村环境，城市是一种人口和建筑物集聚的人工建设环境。所以提起城市，我们通常立刻会联想到林立的高楼大厦、开敞的公园广场，宽阔的道路和穿梭不止的车流，热闹的商业中心和熙熙攘攘的人群。通常，正是这些具体的城市景象构成了我们对城市的直接印象，而本章关于城市形态（Urban Form 或 City Form）的讨论与此有一定关系但又非常不同。相关的是，两者都是我们对所处城市环境的感知和认识；不同的是，前者，我们通常称之为城镇风貌或城市景观（Townscape），所关注的是组成城市的各种物质空间要素以及地形地貌给我们的直观视觉感受；后者，也就是城市形态，所关注的不只是通过眼睛直接感知到的内容，还有进一步思维加工的抽象认知内容。那么，什么是城市形态呢？狭义地说，城市形态指的是，城市作为人工建造的物质空间环境所具有的三维几何特征；广义而言，城市形态则不仅是指城市的物质空间形式，还包括了非物质因素部分，如经济、文化等社会形态方面。从城市设计的角度，作为直接操作对象的是城市的物质空间要素，非物质因素方面的考虑需要转化为物质空间因素的设计和引导，在本章中，城市形态着重讨论的是城市的物质空间形式。

虽然大家日常学习生活都发生在城市中，然而有关城市形态的认识却不是依靠简单的日常经验就能够获得的。首先，尽管大家每天行走在大大小小的街道上，进出于不同类型的建筑物，也去过城市中不少地方，然而城市相对于个人而言实在是太大了，我们没有直接体验过的部分更多，对城市的认识存在着大量的盲区。仅凭直接经验我们几乎不能对城市形成完整的认识，对城市的范围、大小这些问题我们甚至从未有过主动的意识，形态当然也就无从谈起。更为关键的是，大家由于每日的生活都离不开具体的城市环境，已习惯了以一种置身其中的内部视角面对具体的物质空间要素，通常不会从外部视角来看待城市，从而限制了对城市的整体认识，所谓"不识庐山真面目"。与这样一种熟悉环境中的体验方式不同，外出旅行时，借助于地图，我们往往能够建立起对一个陌生城市的抽象认识，比如火车站、市中心的区位关系、距离等，形成一些相对整体的认识。城市形态的认知就需要用到类似的方式，借助于一个置身于城市之外的、在物质世界中并不一定真实存在的视角，外部视角，将城市作为一个物质空间实体和观察对象，然后从不同角度、不同尺度对其形式的方方面面进行辨识，形成一个总体的认识。这是一个从日常经验到专业化认知的过程。

作为人类文明的集中体现，城市是也是一个十分复杂的系统。从发展历程看，城市往往要经历不同时期的兴废荣衰，其物质空间正是这一动态演变过程累计叠加的产物（图2-1）；从发展模式看，城市既是自上而下有意识规划建设的结果，同时也是自下而上有机生长的结果；从发展动力的角度，城市受到政治、经济、文化等多方面因素的共同作用。不仅如此，即便是只考虑城市当下，其既是有形的物质空间实体，又是无形的社会生活组织方式，既包括建筑道路广场等构成的物质环境，又包括经济、文化、政治构成的非物质环境。既然城市是复杂的，那么认知和理解当然也是多方面、多角度的，不同的研究会选择不同的对象，并形成相应的方法。在其中，以城市物质空间实体为对象的研究具有特殊的重要意义。原因在于，首先，不论城市发展的作用力或影响因素多么复杂，其作用都会通过物质空间形式表现出来，城市形态本身就是解读城市的重要媒介；其次，城市物质空间形式具有一定的稳定性，是长期演化发展的结果，是历史的体现，也必然会对后续的形式产生持续的影响；此外，城市物质空间的具体实在性为研究提供了便利的条件，可以具体地描述甚至度量，具有较强的可操作性。物质空间的存在状态可以成为城市领域不同学科和专业研究的起点。从城市设计的角度，城市形态的认知和分析也是进行城市干预和运作必不可少的前提，而任何设计理

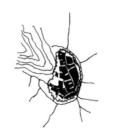 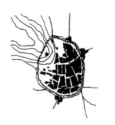 

（a）唐武德到元至正的形态变化　　（b）元至正到明万历的形态变化　　（c）明末到清末的形态变化

（d）清末到20世纪60年代的形态变化　（e）20世纪60年代到70年代的形态变化　　（f）20世纪80年代以来的形态变化

图2-1　常熟城市形态演变发展

念和方法最终也都要落实到具体的物质空间上，"没有它，城市规划者就像一个对解剖学和全科医学知识一无所知的外科医生。"[1] 可见，城市形态研究不仅是不可缺少的，而且城市形态与其他相关因素的关联及其演变规律都是城市形态研究的重要内容。关于城市物质空间形态的研究称为城市形态学（Urban Morphology），而从形态本身来认识和理解对象的思路并不是城市研究所独有。"形态学"一词来源于希腊语 morphe 和 logos，两者的意思分别是"形式"和"研究"。在近现代科学发展过程中，这个由亚里士多德提出的概念再次被歌德应用在生物学研究中，成为研究生物体结构特征的一个分支学科，主要研究动物及微生物的结构、尺寸、形状和各组成部分的关系。此后这一概念又被人类学、考古学等学科借用，其内涵也逐渐固定，即研究实体的形式构成。

城市形态学萌芽于 20 世纪初。随着城市研究的深入和学科之间的交叉，地理学、建筑学和人文学科的学者首先将形态学引入到城市的研究范畴，将城市看作有机体来观察和研究，以便了解其生长发展机制，并逐步建立一套城市发展分析理论。城市形态的研究包含两条重要思路：①从局部到整体的分析过程。认为复杂的整体由简单的元素构成，这种分析方法是可以达到最终客观结论的合适途径；②强调客观事物的演变过程。事物的存在有其时间意义上的关联，历史学方法可以帮助理解研究对象从过去、现在到未来的完整序列关系。

一般来说，城市形态的研究包括如下四个方面的工作。首先是对城市空间物质形式进行描述，解决"是什么"的问题。这方面的研究需要在不同的尺度上将城市的具 体物质要素抽象和分解为不同的形式要素组成，并描述它们的关系。其次是对城市形态生成过程的研究。城市并不是静止和一成不变的，而是处于连续不断的动态演变中。通过不同历史时期的形态过程的研究，可以揭示形态发展的规律。第三方面是对城市形态成因的研究。城市的形成和发展或者衰退，受到自然环境、政治、经济、文化、社会、科技等各方面因素的影响，这方面的研究目标在于揭示上述因素与建成环境之间的关联及物质形态背后的复杂动因。第四方面是对城市物质形态与非物质因素的关联研究。城市形态的形成受制于各类因素的影响，而形态一旦形成也会产生相应的自然和社会效应，例如城市形态与生态环境、微气候等自然因素的关联，与城市活力、社会阶层、土地价格等社会因素的关联，与城市风貌特色、识别性等认知因素的关联，等等。

图 2-2 威尼斯，有机的城市形态

图 2-3 纽约，规则的城市形态

2.1.2 城市形态的构成

当我们开始讨论城市的形态时，就已经是把城市看作一个物质对象，由诸多地面上的物质实体及其所形成的空间所构成。这些物质实体包括水面、绿地、树木等自然之物，也包括道路、桥梁、广场、建筑等人工之物，它们分布在或平坦或起伏的地面上，构成了城市的物质空间环境。所有物质实体都是有形的，城市也不例外，城市形态正是上述这些基本物质空间要素的综合表现，它们在不同的外部条件和规则的影响下，产生丰富多变的物质空间组织关系。例如，以地块和建筑单元，在顺应地形和相互制约条件下逐步形成的许多传统村镇，呈现出有机、不规则的形态特征（图 2-2）；而经过整体规划、以整齐的道路网格、轴线等形成的城市，则表现为比较规整的形态（图 2-3）。这里，有机的（或不规则的）与规则的只是城市总体形态特征或模式的两种相对而言的表述，而在实际的城市中，往往两种形态模式都会存在。

通常，对一般物质实体形态的描述通常可以分为几何形状、色彩和质感等几个基本方面，城市物质空间形态的描述理论上也可以从这几个形式要素入手。然而，城市的实际尺度巨大，在不同尺度和不同视角下（比如我们在飞机上与在地面上），城市形态特征的表现完全不同，这影响了这些常用要素的普遍适用性。当我们从空中俯视，将城市作为一个整体对象时，我们是在宏观的尺度来观察城市，可以从上述几方面进行描述；而当我们游走在城市之中时，我们观察的是城市的具体场所空间，宏观尺度的表述元素基本失效，我们需要采用适用于微观尺度的方式来表达城市的物质空间。因此，不同尺度范围下的城市形态特征需要结合城市物质空间的呈现方式，通过不同的形式要素和方式进行描述，而我们对于城市形态的整体认识正是由许多不同尺度和视角下的形态描述共同构成的。

现代卫星航拍技术为城市形态的宏观考察提供了可能和便利。借助于航拍图或者谷歌地球（Google Earth）之类的计算机工具，我们可以站在既高且远的地方审视城市。在地球表面上，城市呈现为那些或大或小，或单个独立或绵延不断的灰色斑块，斑块之间的一些断断续续的连线，则是公路或者铁路的轨迹（图 2-4）。这些城市斑块当中，有的可以很清楚地从周边的自然环境中分离出来，有的则与自然环境彼此交融互含，而它们所具有的或清晰或模糊的边界，勾勒出城市各不相同却又有相似之处的平面形状。在这样的尺度下，城市基本可以看作是二维平面的，它们的分布、轮廓形状、相互关系、动态变化（增长或收缩）以及与气候、地形、社会经济发展等方面的关系等是人文地理学科和城乡规划学科所关注的内容。把观察范围收缩到单个城市，我们可以进一步发现，

图 2-4　长三角地区的城市群

这些灰色斑块自身又是由大片不同形状和肌理的建设区块，以及夹杂在其间的大片面状或带状的开敞绿地和水面所组成，主要的交通线路在其中穿联和分割。建设区块与主要水系和开敞绿地、地形、主要交通线路的组合方式，以及不同区块的平面形状和三维轮廓等构成了城市整体的形态特征（图 2-5）。再进一步观察不同的建设区块，道路网络模式、建筑形体排布所形成的实体与空地关系等成了城市形态特征的主导因素，路网、建筑物的高低、疏密和形体大小、建筑屋面的形式和色彩等共同构成了建设区块的三维肌理特征和城市上表面的质感（图 2-6）。最后，进入具体的城市环境层面，道路的曲直、建筑形体及其与空地、道路的关系、地面的高差

图 2-5　南京主城区局部

图 2-6　南京老城局部　　　　　　　　　图 2-7　南京夫子庙地区

等，主导了微观城市物质空间形态；而地面的高差、软硬、划分和材质、建筑形体、尺度、外立面的材质和色彩，以及具体形式等赋予城市空间环境越来越多的体验性（图 2-7）。

上述不同尺度下所讨论的各方面内容都与城市形态的认知有关。大尺度的城市形态特征，体现在由低解析度图像即可分辨识别的形式要素上，小尺度的城市形态，特征需要通过更高解析度的描述。可见，城市形态是无法与观察的解析度（Resolution）分开的，这符合一般的认知规律。虽然城市的尺度层级毫无疑问是连续的，但城市形态的研究一般可以按照从宏观到微观的次序划分为以下三个典型的层级，即城市/地区、街道/街区、地块/建筑。城市/地区层级以城市整体为对象，侧重于整体平面形状、开敞空间结构、交通结构、建设区块分布及相互关系等城市形态的结构性特征；街道/街区层级以城市地段为对象，侧重街道网络形态、街区和建筑肌理等方面的描述；地块/建筑是最微观的层次，侧重于地块关系、地块与街道的关系、建筑与地块的关系的描述。

城市形态最直观的表现形式就是鸟瞰状态下所表现出的城市表面凹凸、材质变化的质感，也就是我们通常所说的城市肌理（Urban Tissue 或 Urban Fabric）。它是在地形地貌、街道、地块、建筑物共同作用下城市形态的平面表达。

2.1.3　城市形态的成因

城市形态是一定时间范围内，城市物质空间在各种自然因素和人为因素综合作用下持续发展演变的结果，是各方面条件制约和力量驱动塑造而成的产物。城市从自然环境中发展而来，不可避免地需要协调与自然环境的关系，借助有利的自然条件，克服不利因素的影响；同时，城市也是各种社会力量共存和角逐的场所，必然会受到代表不同价值观的权力较量和资源分配的影响。简单地说，地形地貌、气候条件，历史、政治、经济、社会、科技、文化等，都是城市物质空间形态的影响因素。

　　任何城市都依附于特定的自然环境，城市形态与自然地理条件之间具有直接的关联。山水地形本身就是城市形态的组成部分，同时影响了城市的空间发展和组织，尤其是在人工力量还不足以轻易改变自然的农耕时代，城市的发生与发展需要顺应和充分利用其所依附的自然环境，其形态的有序性和可描述性来源于二者结合的方式。靠近水源是许多城市选址的重要原则，直接在大江大海大湖边上发展起来的城市，往往会形成以城市发源处为中心，向外圈层式或放射式发展的形态特征，如哥本哈根、阿姆斯特丹、波士顿等城市就很典型，而在主要河流周边发展起来的城市，如巴黎、柏林、伦敦三个城市，则形成以塞纳河、斯普雷河和泰晤士河为中心的形态特征（图 2-8、图 2-9）。以中国古代城市来说，在北方平原建设的城市，如北京市，由于地形的干预较少，往往可以遵照传统的营城制度，形成方整的格局和平面形状（图 2-10）；而在地形不那么平坦的南京，尽管历代在建城的原则和指导思想方面也遵循了传统的制度，然而为了利用自然条件和节省人力物力，城墙的修建以自然山水为依托，形成了非常不规则的城市轮廓，如明城墙的轮廓线就是与自然山水的连接线（图 2-11）。城市结合自然山水筑城，依托自然获得人与自然的协调，这个协调就是城市形态构成的动力。

　　近现代城市的形态随着生产力水平的提高、经济的发展和科学技术的进步发生了显著的变化。与农耕社会不同，近现代城市的发展是和工

图 2-8　柏林，以斯普雷河为发源地

图 2-9　巴黎，以塞纳河为发源地

图 2-10　北京老城区方整的格局和轮廓

图 2-11　南京明城墙轮廓依山水形势而成

图2-12　芝加哥，建筑尺度和密度从中心区向周边减小

业化紧密联系在一起的，城市不再仅仅是生活消费和物资交换的场所，其更重要的角色是产品的生产基地。城市成了经济发展的中心，其规划建设更多地受到经济运作及政治决策的影响。它不但具有服务于周边的辐射力，同时也吸引周边的人力物力向城市集中，其影响范围的大小多半取决于它的经济实力。同时，工业化也赋予人类和自然相抗衡的力量，开山辟路，遇河架桥变得轻而易举，自然山水不再是城市发展的限定条件。如现代南京市，随着城市规模的扩大，城市首先突破了古城墙的界限，分别向南、北、西三个方向发展。在跨越了外秦淮河后，长江一度成了南京主城区西部的边界，然而当跨江发展的战略实施后，城市的发展就不再受限于这一天然屏障。自然元素的制约淡化，城市及其周边的经济活动往往成为城市形态变化的动力，城市的发展方向也随之不断地调整，现代城市的边缘因此处于不断拓展、变化的动态之中。近现代城市的形态变化不仅体现在城市规模的增长、轮廓的不断拓展，而且表现在城市垂直方向的发展上。与传统城市总体上较为扁平、只有少数宝塔、楼阁或教堂的尖塔形成制高点的天际轮廓不同，现代城市呈现出明显的向空中发展的趋势，大量出现的高层和超高层建筑极大地改变了城市总体轮廓，形成高低起伏和团块突起的上表面形态特征。经济发展的需求成为城市开发建设背后的驱动力，甚至替代自然环境成了现代城市形态特征的主导因素，技术则使得一切皆有可能。在市场经济主导的一些欧美城市，城市形态直接成为经济发展和土地价值的表征。土地价值最高的中心区通常也是建设强度最大、建筑高度最高的区域。从中心区向城市边缘，随着土地价值的降低，建设强度也顺次递减，建筑高度降低、密度减小，形成与中心地区截然不同的形态肌理（图2-12）。

比较而言，上述在市场经济条件下由土地价值引发的城市形态特征在我国的城市中并不典型，这在很大程度上是由于较长时期计划经济的影响，可见特定的文化、政策制度以及城市自身的发展历程同样参与了城市形态的塑造。在计划经济体制下，受到苏联规划思想的影响，1950年代以后我国城市普遍采用了大街区、宽马路的模式，而上海、青岛等一些城市中出现的小街区模式，往往是殖民时期城市发展遗留的产物（图2-13）。近二三十年来，日益增高的城市居住建筑成为影响我国城市形态的一个不可忽视的要素，而其平面布局和形态特征则是设计规范对朝向、日照的要求和城市规划管理对容积率、建筑密度等指标的管控综合作用下的结果（图2-14）。与城市建设相关的政策法规和城市规划管理相关技术规定对于城市形态的塑造具有直接的作用力，而城市设计的作用正是通过空间形态的设计并转化为公共政策，从而达到影响城市空间环境的目的。

图 2-13　青岛，殖民时期的小街区

图 2-14　南京河西中部建筑肌理

2.1.4　城市形态的演变

　　城市最持久的是它的物质空间实体。城市的巨大尺度及其发展变化的漫长时间跨度，经常使得我们下意识地以静态的眼光来看待城市。这也不完全是错觉，在一定的时间和空间范围内，城市的物质空间整体确实可以看成是一个稳定不变的对象。不过宏观地看，城市物质空间自有其发生、发展的过程，也会经历衰退，甚至败落和消亡，更像是一个有机体。城市形态也就可以看作是一个动态发展的过程，而我们在任何一个具体时刻所认识的城市形态只不过是这个连续过程中的一个切片。不仅如此，撇开物质空间形成和变化的动力和影响因素，城市物质空间形态的演变过程本身具有一定的规律，可以成为一个独立的考察对象。

　　从形态发生的角度来看，城市最初的成形一般有两种典型的方式：一类城市是以一个或几个自然聚落的物质空间为基础集合而成，往往直接继承和延续了原来聚落比较随意和不规则的形态特征，如锡耶纳（图 2-15）；而另一类城市从一开始就是依据明确的整体规划进行建设的，具有明确的规则性，如许多罗马帝国军事城市那样（图 2-16）。无论是哪种方式，城市一旦形成，也就具有了相应的物质空间形态特征，并会具有长久的效应。随着时间的推移，城市物质空间形态持续地发生变化，以不断适应新的发展需求，一部分旧的物质空间被赋予新的内涵，而新的物质空间也总是在不同程度上保留着一些旧的痕迹。新的物质内容不断添加进来，导致形态越来越复杂，与有意识和无意识的行为、记忆、习惯、功能、礼仪等融合为一个整体。在此过程中，即使一些导致特定形态特征形成的因素在城市发展的过程中已逐渐消失，已经物化的形态也并不会因此而迅速变化，而是对以后城市形态产生持续的影响，有些甚至可以持续千年之久，如罗马城非常有名的纳沃那广场，及其周边的一圈建筑物，就是帝国时代拥有 3 万个座位的大型竞技场的形态特征的延续（图 2-17、图 2-18）。

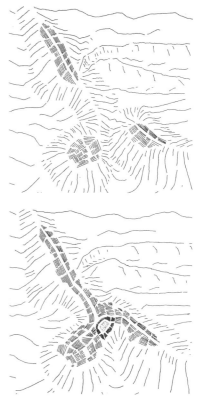

图 2-15　锡耶纳，由三个聚居点自由发展、结合而成的不规则形态

图 2-16　提姆加德，规划而成的规则形态

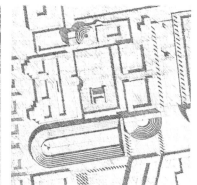

（左）图 2-17　罗马，纳沃那广场
（右）图 2-18　纳沃那广场，延续了罗马帝国时期竞技场的形态

城市形态的演变伴随着城市发展的进程。从物质空间的角度看，城镇化不仅表现为水平和垂直方向物理尺度的延伸和扩大，同时也意味着内部要素的更替以及各要素之间关系的重新构建，这两种过程往往是并行的。不同时期的城市都会留下各自的物质遗存，不同程度地改变着城市有机体。从较长的时间跨度看，城市物质空间形态的演变是前后若干时期不同发展规则或模式交替作用的过程，这里的规则或模式包括城市规划这样具有权威性的、自上而下的，也包括集体无意识活动这样不成文的、自下而上的，并且这些规则或模式又是与社会整体发展水平、统治阶层的治理强度甚至是特定的事件相关的。简化地说，城市进程在一轮接一轮的自上而下的规则形成、延续和破坏，直到新的规则形成，再延续这样的交替过程中进行的；城市形态的变化在规则延续和破坏时期往往是渐变的，而在新规则提出时期则会产生突变。

以巴塞罗那为例，在罗马帝国殖民地时期遵循的是典型的正交方格网形态规则。此后经过中世纪的不断修复、损毁，以及此后郊区定居点的建设和城市扩张兼并，形成了 18 世纪末相对稳定的城市形态，中心的罗马殖民地范围内，方格网形态遭到侵蚀，但仍依稀可辨，而外围城市的形态则显得比较随机，由许多定居点自身以及它们与中心及彼此之间的道路联系所主导，没有明确的统一规则。直到 19 世纪中叶塞尔达（Cerdà）提出方格网结合斜向大道的新一轮规划，奠定了现代巴塞罗那的城市形态结构的基础（图 2-19）。又如罗马城，经历帝国时代的辉煌和中世纪的衰落之后，于 16 世纪末在教廷的主持下实施了新的规划，通过在方尖碑、朝圣教堂等重要位置设置广场并建立起笔直的联系轴线，重新建立起城市的空间结构（图 2-20）。巴黎也是在 19 世纪末的奥斯曼改造后确定了现代巴黎的城市形态格局（图 2-21）。这些历史悠久的欧洲城市，其丰富的物质空间形态正是这样长时间持续渐变与某些时期突发激变叠加而成的结果，是这一过程中有意识规划控制与整体无意识自我调节进程相互作用的结果。在城市权力系统和行政管理力量强大的时期，

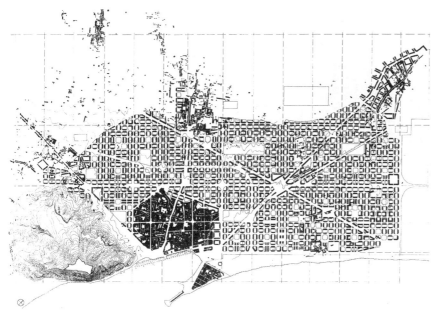

图 2-19　塞尔达，巴塞罗那规划

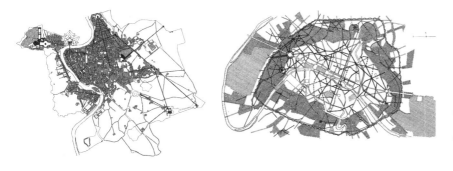

（左）图 2-20　17 世纪罗马城市设计平面，深色线为 16 世纪新建的道路轴线
（右）图 2-21　19 世纪的巴黎改造，新增的道路轴线

城市形态更多地体现了自上而下的有意识规划的理念，能够建立起较强的秩序感和规则性；在城市权力系统和行政管理力量比较微弱的时期，城市物质空间形态的主导力量则往往是自下而上的集体无意识活动，秩序弱化。例如古罗马时期的一些殖民城市，在帝国之后的漫长岁月里，那些经过严格规划的由公共建筑、广场和方格道路系统构成的物质空间系统逐渐解体，公共建筑和广场被废弃或占据为私用，为了便捷而随机开辟的路径侵蚀并逐渐瓦解了原有的方格系统，形成随机多变的典型中世纪城市的形态特征（图 2-22）。

　　城市的发展演变，有些是在前一阶段的建设范围内更新迭代的，有些则超出前一阶段城市边界，向外蚕食或者建立新城。建成区域的更新迭代与新建城区的拓展并举，城市形态的演变在时间和空间上叠合在一起。通常在新建设的地区，特定的规则秩序能够得到更加彻底的实现，而在旧城区，除非彻底破坏，一个区域最初被赋予的形态特征，尤其是平面形态

图 2-22　罗马军事城寨从规则格网向中世纪
不规则肌理转变过程示意

（左）图 2-23　佛罗伦萨，中心老城的方格网
肌理依稀可辨
（右）图 2-24　法兰克福，老城星形城墙轮廓
保存下来

特征，往往会在后续的规划建设中顽强地保留其痕迹。即便在今天，我们如果看一下佛罗伦萨的航拍，仍然能够比较容易地辨识出古罗马时期老城等不同时期的大致范围（图 2-23）。而城市发展时期形成的一些重要物质要素，即便不复存在，仍然可能以另外一种物质空间形式延续其形态特征，如法兰克福城墙（图 2-24）。物质空间形态的对于非物质因素的抵抗可见一斑。

2.2　形态的认知

2.2.1　认知视角

城市形态的认知主要讨论的是如何描述城市物质空间形态的问题，也就是前面所说的"是什么"的问题。不言而喻，这是有点困难的：面对一个城市，规模这么大，物质空间要素这么多，从哪儿说起呢？我们势必需要建立一个描述的体系，涉及一系列描述的内容。当然，在此之前，我们首先需要搞清楚观察城市形态的视角。

一般而言，观察城市的视角可以简单分为两大类：一类是置身其中的，基于人的尺度，与人的体验紧密相关，对象与主体是一体化的，常见的基于视觉感知的分析便属于此类。视觉分析的方法由来已久。至少在文艺复兴时期，视觉美学的观念和方法就已经在欧洲传统城市设计和建设中扮演了重要角色。19 世纪，西特（Site）针对现代城市"单调乏味"

的效果，重申了视觉美学原则的重要性，用平面与透视结合的视觉分析方法来分析广场等重要城市空间的感知和设计（图 2-25）。此后，库仑（G. Cullun）继续发展了这一分析方法。他认为空间环境的认知不只是静态的观察，还伴随人在其中的运动，从而通过在空间分析中引入时间的因素，将该方法从单个空间环境的静态描述拓展到对连续空间环境的动态序列描述，提出了城镇"景观序列"这一新的动态美学观念（图 2-26）。这一拓展进一步延伸了视觉分析方法的应用尺度和范畴，提升了城市空间环境认知的整体连续性。视觉分析方法总体而言可以说是服务于以视觉美学为基本目标的城市设计的，直到美国城市设计学者凯文·林奇提出了另外一种以城市空间环境认知为目标的理论。

　　林奇关心的是城市环境的易识别性，具体而言就是城市各部分的辨识并形成一个整体认知的特性。视觉仍然是认知的基础，但林奇不只是关心美学的问题，他引入了心理学的概念"意象"，从主观感受的角度来探讨城市环境的认知和识别，并应用于城市形态的分析和设计。通过对受过训练的观察者以及普通市民的城市意象的研究和认知地图的绘制（图 2-27），林奇发现城市中存在着由许多人意象复合而成的一系列公共意象，也就是人们对于城市环境的认知具有一定的普遍性和规律性，并归纳出 5 个"城市意象元素的形态类型"：道路、边界、区域、节点和标志物。道路是观察者顺其移动的通道，是观察城市的路线，也是其他环境要素布局的组织要素；边界是不同部分之间的划分和交接线，是不同于道路的线性要素；区域是指城市内部中等或者更大的分区，具有某种共同特征，观察者在心理上有进入其中的感受；节点是可以进入的空间点，是路线的连接点或集中点；标志物是指具有特征的外部观察的参照物，但观察者不能进入其中。这 5 个要素构成了林奇描述城市形态的术语体系，它们的集合构成了对城市意向的整体认知，可以用认知地图的方式展现出来，从意象的角度构建了城市空间环境的认知框架。

　　上述视角的观察具有一些共同的特征：它们往往是局部和片段的，

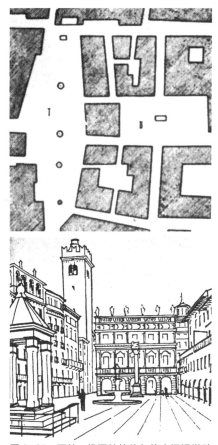

图 2-25　西特，维罗纳的德尔伯广场视觉秩序分析

图 2-26　库仑，景观序列分析

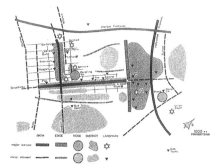

图 2-27　林奇对洛杉矶城市意象的分析

或者是从局部入手的；综合了主观的经验感受；观察的是城市物质空间形态的表现。与这样一种沉浸式的观察视角不同，另一类视角可以说是置身其外的，对象与主体截然分开，就像是对待实验操作台上的任何对象一般。这种视角往往借助于平面图，直接观察和描述城市物质空间的几何特征，注重整体和全局的认知，因而往往超越了日常体验，从而更加纯粹和理性。比如我们常见的图底关系分析。

图底分析的方法可以回溯到 18 世纪的诺利地图（Nolli Map，1748）。诺利地图以罗马城市的地面层平面为基础，把建筑实体要素以及非公共部分涂黑，而把街道、广场等外部空间以及建筑内部空间的公共部分留白，从而把城市中公共空间与建筑物实体的关系，以及公共空间的组织结构和形态清晰而整体地呈现出来（图 2-28）。这是一种对城市空间结构和秩序的二维抽象表达。从图中可以看到，那一时期的罗马城市中由不同大小和形状，或封闭或开敞，或孤立或连续的空间所构成的空间关系。诺利地图的方法所呈现出来的中微观空间关系比较容易与人在城市中的游走和活动所产生的空间体验相互映照，而在更大的尺度上，忽略建筑实体要素和室内空间的信息后，图底关系的分析则可以用来呈现城市空间的结构和网络特征（图 2-29）。不难看出，空间是这一分析技术关注的核心，而建筑实体部分在城市形态方面的许多特征则没有得到表达。此外，这种二元化的描述方式把城市分为空间和实体两个部分，对实体之间以及空间之间的差异不再细分，是对城市物质空间组织方式的简化。

1960 年代，康泽恩（M. R. G. Conzen）将地理学的方法引入到城镇形态的研究中，提出了与物质空间组织更加密切的描述方法。康泽恩的形态研究工作是以 1∶2 500 的地形测绘图作为媒介和对象，将重点放在测绘图上能够看到的所有人工地物上，提出城镇平面格局（Town Plan）的概念，即建成区的全部人工地物的空间分布。基于这些物质要素的组织方

（左）图 2-28　诺利 1748 年绘制的罗马地图
（右）图 2-29　巴黎城市图底分析

图 2-30　康泽恩的平面格局要素：街区、地块、建筑物

式，城镇平面格局包含了 3 种明确的平面格局要素（Plan Element）复合体：街道及其在街道系统中的布局；地块及其在街区中的集聚；建筑的基底平面，简称为建筑物（图 2-30）。

康泽恩的方法回归到了城市物质空间的具体要素及其组织方式。街道是指被街道线（用地红线）所限定的开敞空间，这些空间是因地面交通或类似用途而被留出的，所有的街道构成了一个类似于网络的系统。街区是那些没有被街道占据，且整体或部分被街道线所环绕的区域。街道就像是连续的河流，而街区就像是一个个分离的小岛。每一个街区都包含一系列相互邻接的有权属的用地或者只是由一块用地组成，这就是地块，不论大小。地块是土地利用和建设活动的基本单元，它们的范围往往由地面上的物质要素所限定或暗示。建筑物的基底平面是指其所占据的地面区域，它与地块内那些未被占据的空地之间的关系是最基层的城市物质空间关系。这些要素的复合体，在城市里的不同区域形成不同的组合，它们的集合决定了城市物质空间的整体形态特征。而城镇的形态特征可以在城镇风貌或景观方面体现出来，并形成特定的城市意象。

2.2.2　认知层级

城市尺度巨大，当代城市尤其如是，比如说距离我们较近的日本首都东京。狭义的东京（市区）通常是指东京都内的 23 个区，面积 622km²，而东京都市圈的规模则达到 13 514km²。而从航拍图上，我们已经无法辨认东京都的物质空间边界，城市建成区几乎是毫无间断地向周边蔓延，形成绵延不断的城市建设地带（图 2-31）。当然，除了这些巨型都市外，中小城市也大量存在，其尺度只是大型都市的几十分之一甚至几百分之一。不过，无论大小，我们都可以根据一般的图底关系，辨识出一个作为独立个体而存在的城市（群）的范围和形状。这是宏观视角下城市形态认知的一个重要内容。

然而，仅仅是平面形状并不能完全表达城市宏观形态的特征。比如，文艺复兴时期的一些城市中，16 世纪建成的意大利城市帕马诺瓦

图 2-31　东京都城市群

图 2-33　帕尔马诺瓦

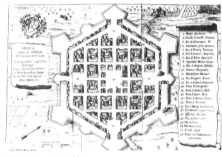

图 2-34　阿沃拉

图 2-35　米利都城

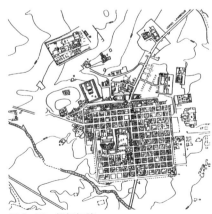

图 2-36　提姆加德

（Palmanova，图 2-33），与另一个小城市阿沃拉（图 2-34），虽然都采用了正多边形的外形，但一眼就可以看出其内部基本空间组织形式的差异：前者是放射形的，后者是方格形的，这使得它们的宏观形态特征得以非常明显地区分开来。相反，有的城市平面形状明显不同，比如大家都熟悉的米利都城（图 2-35）和提姆加德城（图 2-36），但是它们内部基本的空间组织形式是相同的或类似的，都采用了方格网。可见，一个城市的宏观形态特征至少包括了这两个方面的内容。

以上述两方面为依据，城市宏观形态特征常常被划分成若干基本类型：

带状城市：根据城市整体形状特征，我们会把一些城市归纳为带状城市，比如兰州（图 2-32）或深圳；这类城市通常是沿着交通轴的发展所形成，或者受制于地形的影响，沿着山谷或水体岸线分布。

网格状城市：这类城市的内部组织形态具有明显的网格特征，矩形格网是最常见的一种，典型案例有美国纽约的曼哈顿岛、费城（图 2-37），我国的北京、西安（图 2-10）等，前两者网格比较均匀，后两者网格有明显的等级划分，且具有中心轴线。相互垂直的路网是这一

图 2-32 兰州，沿黄河发展的带状城市

（左）图 2-37 费城
（右）图 2-38 米尔顿·凯恩斯

形态的基本物质基础，有些城市因为地形或者其他原因，采用变形的网格，如英国的城市米尔顿·凯恩斯（Milton Keynes）就采用了曲线化的主干网格与正交或其他形式的次级路网相结合的方式（图 2-38）。

环形 + 放射状：这类城市通过放射形道路和环形道路组成的系统将城市物质空间组织成一个整体，自古至今都是比较常见的一种形式，具有高度的向心特征。文艺复兴时期的许多理想城市都采用了这一形式，如帕马诺瓦，现代城市典型案例有莫斯科和我国的成都等（图 2-39、图 2-40）。

（左）图 2-39 莫斯科
（右）图 2-40 成都

（左）图2-41　新加坡
（右）图2-42　台州

（左）图2-43　哥本哈根
（右）图2-44　哥本哈根规划

环状：环状城市一般围绕山体、水体等进行发展，这种城市结构的形成通常是因为特殊的地理条件。典型的环状结构如新加坡和中国浙江台州（图2-41、图2-42）。新加坡早在1963年就提出"环状城市"的概念，在岛屿的中心保留大片自然保护区，禁止任何开发，外围利用环状交通，串联布置一系列新城。

星形或指状：这类城市有一个密集的核心区，以此为中心，沿多条呈放射状布置的交通走廊向外扩张。次中心设在交通走廊沿线，沿线发展带之间形成的V形地带成为开敞绿楔，如丹麦首都哥本哈根（图2-43）。哥本哈根的城市规划采用的是典型的指状结构，"指状"这一名称也来源于此。整个城市老城区为"掌心"（Palm），此外通过从市区向外放射状布局的铁路为轴线，建设完备的城镇体系并通过发达的交通和老城区相连，最终形成以铁路为"手指"（Finger）、站点或附近城镇为"珍珠"（Pearl）的格局（图2-44）。

组团状：这类城市最典型的特征是，城市由若干块不连续的建成区组成，块与块之间被农田、山地、河流、森林等分割，同时彼此之间又有便捷的交通联系。我国的香港就是组团结构的典型，全城被山和海湾阻隔为香港岛、九龙和新界三部分（图2-45）。

卫星状：这类城市的基本特征是，围绕中心城市，在外围发展相对独立、与中心城市脱开的若干小城市，常见于大城市或特大城市的空间组织。这一模式的雏形是英国规划学者埃比尼泽·霍华德（Ebenezer

图 2-45　香港

Howard）在 19 世纪末提出来的田园城市（图 2-46），以应对现代城市规模的不断增大和摊大饼式的发展模式以及所产生的环境问题。最典型的案例是英国伦敦，在 20 世纪，英国为疏散人口，先后在伦敦周边建立了32 个新城，1903 年规划建设的莱奇沃斯（Letchworth）是最早的一个，前文提到的米尔顿·凯恩斯也是其中之一。

　　以上列举的 7 种宏观形态基本类型，划分的依据是城市平面轮廓形状及组织结构的基本特征。值得注意的是，单一形态特征往往只存在于规模较小的城市或者大城市的局部，例如网格状、环形 + 放射状。许多城市在发展过程中，由于外部增长和内部重构引入不同的组织方式，因而形成多种基本形态复合的特征，如 16 世纪罗马和 19 世纪巴黎的改造都引入了放射状的组织方式；而另外一些城市则是在初始规划中就采用了复合的形态，如华盛顿的规划就采用了网格 + 放射的复合方式（图 2-47），而 19 世纪巴塞罗那的规划也是以网格为主，叠加了斜向放射的方式，堪培拉的规划则采用了多中心环形放射组合 + 网格的方式（图 2-48）。星状、组团状、卫星状等基本形态类型本身就是为了应对城市规模扩张而提出的，甚至也可以适用于对城市群的描述。还是以哥本哈根为例，1947~1948 年的指状规划所涵盖的就不只是哥本哈根城，还包括郊区及周边城镇，后来则进一步扩展到哥本哈根都市区，即"大哥本哈根"。而这几乎也是城市形态认知的最宏观的层级，即区域层级。

　　在宏观形态结构特征的框架下，不同片区由于道路及其网络格局，以及建筑物的整体特征而呈现出不同的中观形态特征。对于帕尔马诺瓦这样的小城来说，其路网形态与整体形态特征是一致的，而对于大多数尺度较大的城市来说，路网形态在城市的不同部分是有差异的，它们

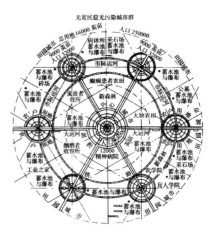

图 2-46　霍华德的田园城市模型

（左）图2-47　华盛顿规划，放射格网与正交
格网的叠加
（右）图2-48　堪培拉规划，多个放射型格网
组合

切分、围合而产生的街区也就有不同的形式特征。通常，路网的几何形式、层级和密度等构成了路网形态的主要特征。几何形式可能是方格、环形放射这样的规则形式，也可能是难以描述的不规则形式；层级是指道路在网络中的等级关系。道路等级通常是由交通属性来确定，往往会体现在道路宽度上。例如，同样是方格路网，纽约曼哈顿岛，南北向的大道（Avenue）宽度30.5m（100英尺），东西向街道（Street）有18.3m（60英尺）和宽30.5m（100英尺）两种，道路层级少而且尺度相差不大（图2-49）。而东亚一些城市则采取了层级更加分明的组织方式，即超级街区（Superblock）模式，路网分为两个层级，第一个层级是由间距较大的宽马路组成，在宽马路之间再以较窄的街道形成第二个层级（图2-50）。密度是指单位面积用地内的道路长度，其决定了街区尺度的平均值。这样，道路网络和街区所构成的复合体就构成了城市形态认知的下一个层级，即街道—街区层级的主要研究对象。

　　城市形态认知的第三个层级关注的是地块的组合关系以及建筑形体与开敞空地的关系。各街区中地块的大小和数量、地块的排列组合方式，

（左）图2-49　纽约曼哈顿街道网络
（右）图2-50　北京街道网络

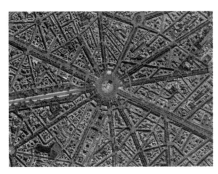

（左）图 2-51　巴黎，连续的外部空间
（右）图 2-52　巴黎，破碎的外部空间

以及建筑物占据地块的比例、方式及其体量、高度、形体等，与街道一起，共同构成了城市的微观形态特征，直接影响到我们对城市环境的日常体验。城市中那些拥有较高建筑密度、建筑物较为贴近地块边界、建筑沿街间距较小、街区具有较好围合感的老城区往往呈现出较为清晰和整体的空间关系（图 2-51），而建筑密度较低、后退地块边界较多、建筑间尺度和间距较大的新区，空间环境往往显得支离破碎（图 2-52）。两者无论是在形态特征还是空间感受上均有明显的差异，前者强调街区整体和街道空间，后者突出建筑"物体"。两种方式有意识配合是形成良好城市空间环境的重要途径。

2.2.3　认知框架

如前文所述，城市形态认知与特定的范围和尺度层级相关。我国现行的城市规划管理办法通常将城市分为以下几个层级，即城市总体、分区、地段和地块。这种划分方式主要依据的是行政管理范围和功能分区，也结合了物质要素方面的考虑。另一方面，城市物质空间的组织也存在着一个相对明确的层级系统。根据我国城市的特征，其物质空间构成一般而言可以分解为以下三个层级：第一个层级由大型绿色开敞空间（包括水面）以及交通廊道（如铁路和快速路）等隔离性较强的物质要素及其分隔包围而成的建设区域构成，可称之为片区层级，以南京为例，紫金山、玄武湖、明代城墙及护城河、外秦淮河、秦淮新河等水系、高速公路、铁路及快速路等要素将长江以南中心城区切分为老城、河西、南部新城等多个片区（图 2-53）；第二个层级是由城市主要干路及自然开敞空间进一步划分的建设区域构成，可称之为大街区层级；第三个层次可称为次级街区层级，由次干路和支路及自然开敞空间划分围合而成的区域构成。城市规划管理的层级与物质空间层级理论上可以形成这样的对应关系：城市总体是所有片区的组合，按照物质系统构成的逻辑，其自身即是外围自然开敞空间所围合的区域；分区是一个或多个片区以及大街

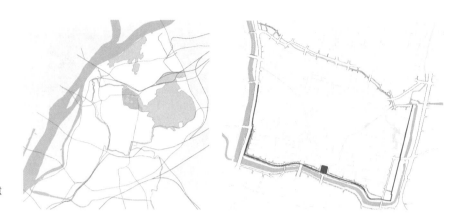

（左）图 2-53　南京老城周边片区示意
（右）图 2-54　南京老城南边缘

区的组合；地段是一个或多个大街区及次级街区的组合。当然服务于规划管理的分区仍然需要综合考虑行政区或功能分区等因素，实践中宜根据具体情况，协调好与物质空间系统的关系。

就任何一个具体的研究对象和范围而言，不论其尺度大小或属于哪一层级，边缘都是重要的形态要素之一。一方面，其呈现出研究对象的平面轮廓及形状；更重要的是，边缘的物质构成及其性质是研究范围内外空间环境关系的关键因素。不同于只能存在于图纸上的那条概念性的分界线，边缘是由具体的物质和空间要素构成的。通常，充当边缘的物质空间要素分为两类：一类是自然开敞空间，如水面、山林、绿地等；另一类是人工构筑物，如公路、铁路、城市道路、城墙等线性要素。边缘的不同段落可能由不同类型的物质要素构成，同一段落也可能是两种以上的物质要素共同构成。例如，如果把南京老城南作为一个研究对象，其四至边缘的物质构成大致可以描述如下：北侧为白下路和秦淮河，南侧为明城墙和外秦淮河，东侧为明城墙及外秦淮河，西侧为明城墙、外秦淮河及凤台路，每一侧边缘都由两个以上的物质要素所构成（图 2-54）。边缘本身是具有一定进深和宽度的，尽管宽度随边缘的具体物质构成而异，不能统一规定或精确定量。并且，边缘的认知也不局限于其构成物质要素以及形状的描述，还需要涉及边缘两侧一定范围内相邻或相交的物质空间要素的形态关系，它们不仅共同呈现了边缘的整体形态特征，也直接影响到边缘两侧的空间和视觉行为关系。

边缘以内，城市物质空间通常表现为若干建筑占据的区块以及穿插和间隔在它们之间的空地的混合状态。这些建筑占据的区块，有些相对规则和均质并且重复出现，另外一些则相对特殊，而那些线性或面状的空地则是划分和隔出这些区块的道路和开敞空间等，它们之间特定的组织关系我们称之为结构。结构是物质空间要素组织的形式，某些情况下可能表现为具体的空间要素，但本质上还是对组织关系的描述。例如轴线，作为一种结构关系，可以如北京城那样通过一系列建筑及空间的线

（左）图 2-55　北京中轴线
（右）图 2-56　巴黎城市轴线：香榭丽舍大街

性排布构成（图 2-55），也可以表现为巴黎的香榭丽舍大街这样的空间
（图 2-56）。在第一种情况下，轴线建立的是实体的秩序，而不是人的活
动路径，通过轴线上以及两侧建筑物的对称强化中心感；第二种情况下，
轴线与人的活动路径相合，沿线布置的凯旋门、星形广场、方尖碑等，
以及两侧整齐排布的街区和建筑物共同参与轴线空间的构建。

　　城市物质空间形态的结构在不同尺度层级下有不同的表现，在同一
个尺度层级下也会有不同的认知角度。一般而言，结构可以从两方面来
考察。其一是平面，包括分隔建设区块的线性或面状开敞空间的形态关
系，比如水系、绿地、道路等形成的生态空间结构、交通结构、公共空
间结构等，以及不同形状和疏密的建设区块的分布关系，简而言之，结
构在平面上表现为建设区块的分割和联系；其二是高度，即建筑高度的
分布关系及其所形成的或整体平缓或高低起伏的上界面轮廓特征，那些
突出的制高点所在的位置往往是城市的重要节点。以上两方面共同构成
了整体形态的结构特征，是交通组织、公共空间、土地利用、功能布局等
方面状况的综合反映。形态结构对于城市（或局部片区、地段）整体形态
的识别性以及宏观城市空间的感知和意象的形成具有重要意义，前文中
论述过的罗马改造和巴黎改造，都通过建立中心、构建轴线系统等手段
来塑造空间节点和提升空间环境的可感知度。

　　在边缘和结构之外，形态认知的另一方面内容是不同建设区块的形
态特征，通常称之为肌理。一般而言，城市肌理（Urdan Fabric）所描述
的是建成环境在鸟瞰状态下所表现出来的表面高低凹凸、材质变化的质
感，这是物质空间形态的一种最直观的表现形式，是街区和地块的形状
和大小、建筑物尺度、占地密度、高度、屋面形式和材质色彩等因素的
直接反映。从空中看下去，不同肌理的建设区块就像是一块块补丁。多
数建设地块的肌理是类型化、规则的和重复的，它们往往是数量上占有
较大比例的城市建筑类型，例如住宅、厂房等；也有一些是比较特殊的，
往往是处在比较重要的区位，或者是具有重要城市功能的建筑类型。抛
却具体的形式差别，肌理可以分为两种相对的类型，一类是具有较高的

（左）图 2-57 织理型和物体型肌理
（右）图 2-58 勒·柯布西耶，昌迪加尔行政中心

建筑密度和较清晰的外部空间的，称之为织理型（Texture）；另一类则是建筑密度较低、外部空间松散的，称之为物体型（Object）（图 2-57），前者是多数传统城市的形态范型，街道和广场犹如从建筑实体中切割出来，其界面基本上由建筑物的连续墙体所限定；后者通常被认为是现代城市形态的范型，空间环境的艺术表现为单体建筑的组合，印度昌迪加尔市行政中心可以认为是其代表性案例（图 2-58）。这种模式其实在各历史时期的城市中也不鲜见，经典的案例有古希腊的雅典卫城（图 2-59）。各建筑单体之间微妙的呼应关系形成了完整、丰富、动态的艺术形象，加上建筑群体的位置高于周边城区，形成了城市空间的中心。这两种模式之间的差别不在于几何形态规则或是其他，而在于各自所产生的空间的差异，这种差别可以在勒·柯布西耶 1925 年为巴黎中心区改造而做的伏埃森规划（Plan Voison）总图上明显地看出来（图 2-60）。织理型模式把外部空间挤出来，限定明确，空间是正形；而建筑单体拼合模式对空间的围合限定较弱，空间的流动性、发散性强，建筑实体成为空间中的主角。织理型的模式由于实体与空间的关系比较明确，在较大的尺度下仍然能够保持清晰的空间关系；而物体型模式，由于其空间关系的建立往往建立在几何秩序，甚至是微妙的视觉秩序之上，可控制的空间范围较小而适合用于局部，大尺度下采用这种模式来组织空间易导致整体的无序。正如 E.D. 培根对希腊城市和罗马城市评述的那样："希腊城市是属于这样一种尺度，只有少数内部韵律绝妙而范围有限的建筑能影响整个城市的范围，作为标志，支配不那么有情趣的地段。然而罗马的征服野心及其相伴随的城市尺度，要求全新的结合原则和法式。单体建筑或一系列的单体建筑，倘若没有联系因素，必然要在大城市的规模中被吞没。"[2]

图 2-59 雅典卫城平面

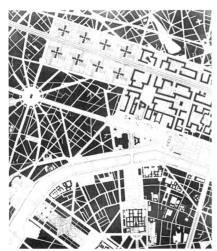

图 2-60 勒·柯布西耶，伏埃森规划

边缘、结构、肌理构成了一般城市形态认知的基本框架，适用于城市总体、片区、地段等不同尺度层级的研究对象。随着对象尺度层级的

不同，这三方面认知的具体内容的尺度及具体要素（如建设区块、分隔性空地等）的界定方式会有所差异。总体而言，尺度越大，形态的认知越是宏观，越关注结构性的内容；尺度越小，认知的内容和深度越有可能贴近具体的物质空间要素。

2.2.4　拼贴与层叠

现代城市的规模和复杂度剧增。快捷的交通方式一方面使得空间扩张成为可能，同时各类交通线路也将城市割裂成一块块不连续的区块；大规模的开发建设提升了城市的发展水平和运作效率，同时也造就了尺度大小不一和肌理形态各异的建设区。城市物质空间不再能够保持传统城市那种相对均匀、统一、连续的形态肌理特征，不同程度的混杂和断裂是当代城市空间形态的现实状态（图 2-61）。

图 2-61　混杂和断裂的城市形态

从形态的角度，将现代城市视为一个整体，不如将其当作不同区块的拼合之物，更能如实地反映其内在的复杂性。作为物质实体，城市可以看作是不同肌理特征的建设区块通过其间的开敞空地而拼贴粘结在一起的混合体，类似于冰水混合物，开敞空间如同是水，连续不断，各个建设区块就像是一个个冰块，之间存在着大小、形状、质感以及彼此间距离的差异。这种拼贴的形态特征建立在以下几个方面因素的基础之上。首先是空间尺度，城市的扩张需要跨越一些自然的障碍物，如山、林、河、湖等，也利用这些自然开敞空间来调节城市生态环境，这些自然要素与主要交通线路一起，将城市建设区隔离和切割成大小不同的区块。其次是时间维度，"罗马不是一天建成的"，不同时期的城市建设具有不同的形态和肌理特征。就以我国城市近百年的建设来看，民国时期、中华人民共和国成立初期、20 世纪 80、90 年代与之后的建设在形态肌理方面都具有明显差异。而各个历史时期的建设成果，有的直接留存下来，如北京四合院或上海石库门这样的古代或近现代建筑群体，有的虽然在物质层面历经了多次重构，但是其基本的空间肌理却得以延续下来，如一些历史城市的老城部分，它们与新建的部分以多种方式混杂共存。三是功能因素，现代城市的运作依赖于各种功能类型的建筑物和设施，形成不同尺度的功能区块，如居住区、工业区、物流区、交通站场区、商业区、体育运动区，以及各类混合性的中心区等，不同类型的建筑物和设施在空间形体布局方面都具有与其功能相应的形态特征。

现代城市巨大的尺度和复杂的组织关系，以及由不同时期和功能的建设区块组合而成的现实，使得其物质空间形态呈现为不同尺度层级下不同城市区块的拼贴混合状，而在总体上往往缺乏特征和简单的形式秩

（左）图 2-62   不同建筑肌理的拼贴，南京
（右）图 2-63   不同路网肌理的拼贴，洛杉矶

序。这种拼贴通常发生在两个层次上。最基本的是建筑群体层级，具有相似单体组织方式和占地方式的建筑群往往会形成一定的肌理形态特征，无论是较大规模的工业园区或住宅区，或者是一小块历史保护地段或小学校园，都可以是基本的形态单元。它们或占据整个街区，或与其他不同形态特征的建筑群共同占据一个街区，并通过一定的路网组织成更大尺度的片区（图 2-62）。拼贴的另一个层级就是具有各自路网形态特征的片区之间的拼贴，路网形态是片区空间肌理特征的基本决定性因素，它们建立起更大尺度的形态肌理单元（图 2-63）。

　　拼贴是对城市物质空间要素共同呈现状态的一种描述，也是一种适合于现代城市实际情况的认知视角和方法，其所诠释的是不同城市建设区块物质空间形态的差异及其空间组织逻辑，是对物质空间要素共时存在现象的综合性认知。城市物质空间被当成一个整体，忽略了不同类型要素之间的相互影响以及时间上的先后关系，而这些内容有助于对城市形态的深入认知和理解。要素之间关系的分析前提是单独地提取不同类型的物质空间因素，或者某些时间节点的状况，将其当作相对独立的系统进行考察。这些工作往往需要通过地图投射（Mapping）的方法，将不同要素系统，或者不同时间段要素状态拆解成一系列图示，每一张图示分别表达城市某一系统要素的组织关系和形态特征，它们叠合在一起就构成了城市物质空间全要素信息图。这就是认知和理解城市的另一个视角和方法，把城市诠释为不同要素系统的层叠（图 2-64）。

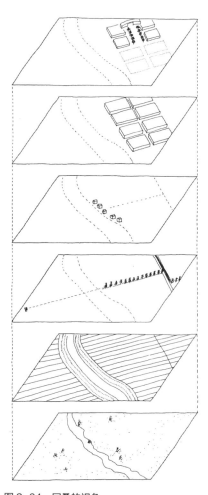

图 2-64   层叠的视角

　　一般而言，城市形态研究所涉及的主要地面物质空间要素可以根据类型属性分为以下系统：开敞空间，通常是指具有一定规模尺度或延续性的非建设区，包括绿地、水面等；道路广场，包括各级城市道路、轨道交通线路和广场；建筑物和构筑物，包括各类功能建筑和设施；每一个系统下又可以根据尺度、等级、功能等再进行细分。例如，绿地和水系共同构成了城市的生态系统，而某些水系水体可能又是城市防洪排涝系统的一部分。不仅如此，现代城市的形态认知往往还涉及地下空间要素，如地铁轨道、站点等，地下空间往往也被作为一个子系统。而不同历史

时期的自然地理信息和人工建设信息的图示则用于认知城市空间形态形成的物质层面的原因或过程。不同物质空间要素对城市形态的不同层级和方面的影响不同。一般而言，开敞空间的影响主要体现在建设区布局形态上，道路系统的影响则主要表现为中微观的路网和空间肌理，而建筑物和构筑物既会影响中微观的肌理，其高度分布又会影响城市上界面轮廓这样的宏观层面。此外，不同要素系统之间也会相互关联影响。层叠的视角将整体物质空间拆解为简单系统，首先便于认知单个系统物质空间形态特征，同时也有利于对系统之间形态关联的认知和理解。这一分解的视角和方法对于城市形态的设计更具有意义：把城市物质空间要素按系统分离出来，可以对这些系统分别进行分析和设计操作，各系统要素可以根据自身体系的要求进行修改和完善，然后再进行综合完善以达到总体优化。

拼贴和层叠作为两种认知和诠释城市的视角，都是针对城市物质空间的复杂性而采用的不同认知策略：前者是在同一个空间维度下，后者拆解为不同的空间系统，两者具有互补性，适用于不同的认知目的和内容。而不同的认知策略，必然导致城市空间形态认知和设计理念及方法的不同，这也正是研究视角的意义之所在。

2.3 形态的设计

2.3.1 内容与方法

城市设计的对象是具体的城市物质空间，通过物质空间要素的调用和组织，落实城市规划的意图，同时达到创造健康有序的空间环境、塑造具有特色的城市意象的目的。城市形态是实现这一目标的重要途径，也是城市设计的核心内容。关于城市发展的种种设想，最终需要落实到有形的物质空间上，化身为道路桥梁、绿地广场和形形色色建筑物的组合，生态、效率、公平、活力、特色等当代城市发展的价值取向同样对城市形态提出了要求。

一般而言，城市规划主要关注的是城市如何发展的问题，通过对城市开发建设进行系统分析、决策，以及一系列行动来实现既定的经济和社会发展目标，具体手段则主要是土地资源的配置和开发过程的管理和干预，例如通过法律程序规定建设用地性质和建设强度等。在这一过程中，定性和定量研究是工作的主要内容，表现为二维的土地利用色块图及相关指标，缺乏三维物质空间形态方面的研究和引导。规划确定的用地性质和指标，再结合各类设计规范，基本决定了建成环境的形态特征，由于缺乏有意识地控制和引导，往往形成随意和无序的结果。究其原因，一方面，量化指标本身并不能自动转化成适宜的物质空间形态，从规划指标到具体的建设导控之间，需要形态设计作为中转的媒介；另一方面，也更为重要的是，缺乏形态考虑的定量是不完善的，形态本身也是城市开发建设的目标。城市设计的作用在于，一方面将"形"作为一个前置因素引入城市规划中"量"的研究和决策，建立量形关联的综合判断，另一方面把"量"转化为"形"的引导，达成"量""形"互动的整体关联。在这个意义上，城市设计与其说是城市规划的延伸或补充，不如说是城市规划技术支撑体系中的必要构成，并且理所当然地会贯穿规划的大部分过程。

在城市发展定位和目标的指引下，结合自然条件，研究合理的城市形态，为城市建设提供空间和形体的控制和引导，是城市设计的主要任务。然而，什么是好的形态，或者说形态设计和判断的依据是什么？这一直是城市形态设计和研究的一个基本问题。权力象征、等级秩序、视觉美学等曾经是城市物质空间规划和设计的主要依据，现代主义的城市规划设计主要关切的则是城市功能运作与空间的关系。时至当代，经验事实已经证明，城市物质空间形态绝不仅仅是个只关乎视觉感知的问题，而是会对城市发展的方方面面产生基本而深远的影响。例如，已有研究表明，城市形态的合理设计有助于减少能耗和温室气体的排放[3]。在效率、公平、愉悦、活力、可持续发展等已成为当代城市发展的基本价值取向的背景下，形态设计不再可能仅仅基于视觉美学的原则，而是需要对城市形态各方面性能的分析和评价，诸如城市形态与城市生态环境质量、微气候的关联，对城市能源消耗的影响，对市民出行效率和生活便利性、对城市空间环境舒适度的影响等，为形态设计提供普遍规律和一般经验。

另一方面，城市形态的过程性和动态特征也已经否定了构想某种缺乏生长应变能力的终极形态蓝图的可能性，建成环境是物质空间历史的一部分，也是营造文化和技术积淀的一部分。对历史和现状城市形态的分尺度和分类型的研究，在形态描述的基础上，掌握影响城市形态形成和变化的动因，并通过定性定量的方法，对各方面性能和实效进行验证，应该成为形态设计前置工作的一部分。在掌握知识和规律的基础上，才有可能针对具体条件，经过分析、权衡和综合，并通过形态诠释与操作，创造出能够引导物质空间形态有序生长的规则和途径，这种规则和途径最终要转化为规划管理与建设的一系列连续的决策过程。

与建筑设计相似，城市设计也是理性和灵感兼具的综合性创造行为，是理性与经验、原则与方法、分析与整合、操作与评价交缠的过程。一般而言，城市设计实践是从城市环境的认知和描述开始，经由分析和提炼，发现关键问题，设定整体目标，并进行综合的设计创造。形态的描

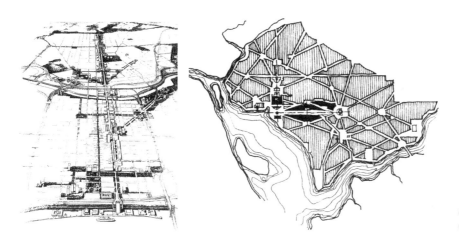

（左）图 2-65　费城城市结构
（右）图 2-66　华盛顿中心区设计结构

述性分析及成因分析提供了理解设计对象范围的基本框架，而设计问题存在于现实与目标之间差异和距离。就设计过程而言，首先需要在综合分析判断的基础上，确定形态的结构。结构是设计对象范围整体尺度的空间关系，通常包括开敞公共空间、重要道路，以及重要建筑或建筑制高点的布局等（图 2-65）；例如，华盛顿中心区城市设计中，确定了国会山等一系列重要公共空间节点及重要建筑物、联系节点的放射性的道路空间轴线系统（图 2-66）。结构之外的另一个重要设计内容是肌理，根据设计尺度层级的不同，包括两个层级的内容：道路网络肌理和建筑肌理。仍以华盛顿中心区城市设计为例，在放射形结构的基础上叠加方格路网，形成了具有特征的道路网络肌理。更加深入的城市设计还包括重要建筑的布局和形体、重要空间的界面形式等方面的内容，已经渐渐开始与第3 章中场所设计的内容相关。

　　形态设计结果的直观表现通常是三维形体空间图示，但不能当作最终需要实现的具体蓝图，而应该被理解为各种城市物质空间要素关系的形象化表达。形态设计的本质在于物质空间要素的组织关系，而这种组织关系最终会通过转化为一系列形态要素的描述性文字和配图，即实践中通常所说的城市设计导则，用来引导和控制实际的开发建设活动。

2.3.2　范式与变形

　　城市设计作为一门现代学科确立于 20 世纪 60 年代，然而人类设计和营建城市的实践历史十分悠久。在长期的实践中，关于城市该如何建设、好的城市应该是什么样子等问题，不同地域和文化背景的人类一直在探索并积累了丰富的经验和知识，这些经验知识经过积淀，逐渐形成了一些基本模式，也就是范式（Paradigm）。所谓范式，是指一些得到广泛认可、具有普遍应用性的基本类型、模式，或原型。典型如欧洲文艺复兴时期兴起的规则多边形理想城市，这类范式是完美几何图形与当时城市防卫要求的结合，包括由不同的多边形与放射型或者网格型路网组合而成的多种类型（图2-67），帕尔马诺瓦就是依据这一范式建设的典型实例。就城市设计而言，范式可以是关于城市整体形态和综合性要素的，也可以是关于城市某一层面要素（比如路网）或某一类城市局部的，它们往往基于一套系统性的理念和构想，而不只是一些零星的想法。比如，我国在战国时期《周礼·考工记》匠人篇中就有对于都城整体物质空间的具体描述，从城市的基本形状、内外交通组织、功能布局、尺度等方面，提出了基于礼法的一系列都城建设的基本规则，涉及多个尺度层级和要素类型，框定了城市的基本物质形态格局（图2-68）。而就物质要素平面组织方式而言，放射+环状和正交网格式就代表了两种截然不同的范式。正是不同时期、不同地域、不同文化和技术背景下所构想的诸多范式，构成了城市设计学科的基本知识库。

　　近现代以来，城市人口集聚、规模扩大成为城市发展和建设面临的一个突出问题。面对伦敦城市过度拥挤和环境恶化，霍华德在19世纪末提出了在中心城市周边建设乡村环绕的城市、疏散中心城市人口的"田园城市"模式并付诸实践，成为后来主城—卫星城模式、多中心组团式等大型城市空间布局形态范式的起点。这些范式的形态特征是，设置多个集中建设区并控制建设区规模，建设区之间以自然开敞空间分隔，以快速交通相联系。与此相对的是所谓"摊大饼"的模式，即以旧城区为中心，通过一圈圈环状路网向外拓展城市空间。经验表明，这种单中心模式所能适用的城市尺度有限，多中心组团能够更有效地应对城市规模的扩张。丹麦首都哥本哈根是灵活应用多中心组团范式的一个典型案例。战后的规划终止了城市向外无序蔓延以保留郊区绿地，提出建设以主城为中心向外放射的铁路，并在靠近铁路的位置建设一系列不同规模的小城镇或社区，各个"手指"之间保留和营造楔形绿色开放区域并尽可能使其延伸至中心城区内的规划设计思路。由于老城区东边就是大海，因此城市发展的方向主要是向西和向北，中心区则偏于一侧，形成了以老城区为"掌心"，铁路及沿线小城镇为"手指"的"指状"城市形态。这一规划奠定了此后哥本哈根的城市总体空间形态格局（图2-44）。

　　机动交通尤其是私人汽车是现代城市扩张所基于的物质技术条件之一，也是现代城市空间形态的一个重要影响因素。汽车在提供出行便利的同时也带来安全、噪声等问题，机动交通组织成为20世纪初社区空间形态探讨的关键。雷德朋新镇在规划中摒弃了常用的高连通度街道网络范型，采用道路分级和尽端路，形成树状道路系统，在保障机动车流畅

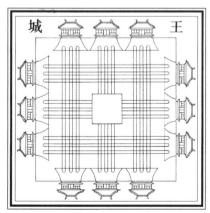

图2-67　斯卡莫齐，理想城

图2-68　根据《周礼·考工记》绘制的都城格局

通的同时减少过境交通对居住区的干扰，并通过专用步行系统实现彻底的人车分离（图 2-69）。这一模式后来被称为雷德朋体系，至今在一些郊区住宅区的规划设计中仍有应用。几乎在同一时期，为了在汽车交通发展起来的条件下创造一个舒适安全的和设施完善的社区环境，佩里提出了更加综合性的"邻里单位"模式：一个以小学服务的合理规模为基础，以城市主干路为边界的居住单元。单元中心布置社区公共设施和空间，沿外围道路布置商业服务设施，内部道路主要用来满足单元内的机动车通行需求，并通过路线的设计减少穿越性交通（图 2-70）。这一范式不仅在美国国内，而且对苏联以及我国的住区规划产生过广泛的影响。这之后 50 年，美国新城市主义运动中提出的传统邻里发展（TND）模式也是以这一范式作为原型。

图 2-69　雷德朋模式

　　从道路交通组织的角度，雷德朋和邻里单位模式都是采用道路分级、交通分类的思路，但两者形态明显不同，前者以尽端路的方式，连通性最弱，是典型的树形模式，后者则通过路线转折形成不通畅的网络形态，两者都不同程度地减弱了高联通度的均匀网格所可能产生的交通干扰。不考虑具体几何形的话，上述案例中的道路网络形成了均质方格路网之外的两种基本拓扑形态类型，或者称之为构型（图 2-71）。

　　无论是城市整体空间，或者局部区域，还是某一系统层面，范式都是基于特定背景和条件的"理想"空间组织模式，具有自身独特的形态结构特征，为城市物质空间形态的设计提供了一个基本原型素材库。基于对各种范式的适用范围、优点和局限的掌握，根据具体的设计背景和目标，选择合适的范式，是范式应用的第一步。作为原型，范式在要素关系的规定上是相对具体和确定的，而在具体形式层面则是不完全确定的，从而可以适应具体情况的变化。例如城市整体形态的各类原型，所表达的只是空间组织的拓扑关系，并不能确定具体形式；而正交格网在具体应用时，在路网尺度、形状、道路级配关系等方面仍需要具体设计。将范式转化为具体形式的设计过程是一种拓扑变形过程，客观的现实条件和主观的设计判断都是影响形态结果的重要因素。另外，在实际的城市设计实践中，范式的选择和应用往往是复杂的，不同尺度层级和系统的设计都会遇到范式选择的问题，设计中往往需要选用相互匹配的范式并

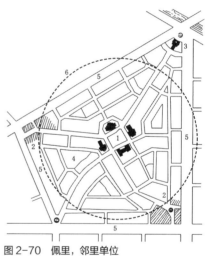

图 2-70　佩里，邻里单位

图 2-71　不同的道路网络构型

（左）图 2-72　纽约，曼哈顿岛
（右）图 2-73　巴塞罗那

进行有效的组合和协调，从而产生具体的形态。

以格网形态为例。格网是城市空间组织的基本范式之一。在近现代城市中，纽约曼哈顿岛和巴塞罗那的规划设计都采用了正交格网，但两者又有明显的区别。首先，在形式上纽约采用的是长方形格网（图 2-72），基本尺度约为 160m×80m，巴塞罗那则采用了边长约 133m 的正方形格网（图 2-73）；在道路等级上，前者采用了两种不同尺度的道路，分别约为 30.5m 和 18.3m，后者则采用了统一 20m 宽的道路，其上叠加了 50m 宽的大道轴线系统。就基本的格网形态而言，两者都比较细密和均匀。相比于这两个在空地上一次规划而成的格网，北京、西安等历史城市在近现代化过程中为适应机动交通需求，均采用了在原有老城街坊结构的基础上叠加大网格的办法，通过拓宽主要道路形成干路系统，形成了干路与街区内部道路尺度差异悬殊、具有明显层级特征的格网类型。这样的现象在亚洲国家的城市中具有一定普遍性，形成了区别于一般街区模式的超级街区模式（图 2-74）。而伦敦北部的卫星城米尔顿·凯恩斯的规划设计，则结合地形的微微起伏将主要路网设计成平缓的波浪形，形成曲线型超级街区，然后再根据街区内部的功能等具体要求，在城市中心采用正交格网形成次级街区，周边居住街区选用类似于雷德朋模式或其他混合模式（图 2-38、图 2-75）。

2.3.3　基底与镶嵌

城市设计总是在更大范围的整体背景中展开。新城的设计所面对的是自然地形地貌、城乡交通线路、乡村田园为主构成的背景环境，而在城市建成环境中，路网、开敞空间、街区地块、各类建筑物等构成了设计的背景。设计工作本质上是空间的重新组织和利用，是关于整体环境中某一局部物质空间替换和空间关系重新建构的设想。整体的环境背景

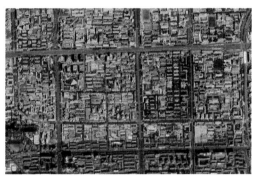

（左）图 2-74　北京
（右）图 2-75　米尔顿·凯恩斯，变形的方格网

我们可以称之为基底，设计则可以理解为在基底上的局部镶嵌。局部与整体的关系本来就是城市设计的重要内容，是任何尺度的城市形态设计应有的基本意识。当前我国城市化进程过半、存量发展将逐渐成为主要发展方式的背景下，在城市建成环境中进行局部的填充和更新置换将成为设计常态，基底与镶嵌的意识尤为重要。

现代城市物质空间整体表现为大型交通网络联系起来的不同尺度和肌理斑块的拼合，其形态具有高度复杂性。嵌入的设计首先需要判断设计对象和范围在城市物质空间系统中所处的层级，并进一步确定关联的背景区域，或者说"研究范围"（图 2-76）。上一层级的物质空间结构是设计开展所依据的宏观背景和上位条件，研究范围内的物质空间结构和肌理则是设计所需嵌入的具体语境，它们共同构成了基底（图 2-77）。

图 2-76　设计范围的层级背景

在确定的空间层级结构和基底环境中，设计范围内的空间形态结构和肌理与整体的关系是需要重点研究的内容，设计的过程也就是空间秩序重新构建的过程。对于城市建成环境中的典型嵌入设计而言，城市快速路和大型绿色开敞空间通常都是宏观背景因素，形态结构中最重要的往往是公共空间的结构，与更高层级开敞空间要素的关联是公共空间结构设计需要考虑的一个重要因素。公共空间构成了空间形态的基本骨架，道路网络则对于基本空间肌理的形成具有重要意义，其设计需要充分考虑形态秩序而不只是交通的功能性需求。公共空间结构和道路网络共同构建起基本的实体——外部空间秩序，是与基底建立起整体空间形态关联最重要的层面；建

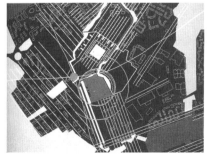

图 2-77　局部及更大范围的形态秩序分析

图 2-78　普罗维登斯城市中心设计

筑实体的肌理则由于类型和规模的差异而存在多种可能性，其与街道网络肌理的协调以及外部界面的控制是设计需要重点关注的内容。上述两个层面的空间关系都可以通过图底关系的分析进行考察。

　　既有空间组织方式及其形态秩序的认知和解读是嵌入设计的前置工作，新秩序的创建需要建立在对既有形态秩序的分析和诠释的基础上，以实现空间形态的整体性和延续性（图 2-77）。分析和诠释是沟通现状和设计、基地与嵌入的关键步骤，并不是一个简单的客观呈现的过程，需要归纳和提取，注入主观的理解。例如，在普罗维登斯城市中心设计中，设计者将基底空间形态秩序诠释为三个不同方向的网格，然后经过格网的融合以及与既有路网和建筑的整合，获得了新的空间形态肌理（图 2-78）。作为嵌入基底的一部分，设计范围内的空间形态不必须具有完形性，其合理性存在于上下层级及平行层级的交互关系中。

　　根据设计中对新旧形态秩序处理的策略不同，嵌入设计通常可以划分为以下三类，即延续、缝合和创新。延续性设计往往应用于基底结构和肌理明晰且具有继承价值的区域（如能够反映特定时期文化的历史地段或街区），在理解既有形态结构和肌理构成的基础上，通过类型化的方法置入新的要素，融入基底环境中。缝合性设计往往应用于基底结构肌理复杂冲突、形态破碎模糊的区域，设计需要判断和选择其中有价值的结构和肌理部分进行延续，并采用新的组织方式协调彼此之间的矛盾。处在急速改变之中的当代中国城市，其街区肌理、街道界面、形体尺度和开敞空间的破碎现状迫切需要温和渐进的缝合策略。创新性设计是指通过全新空间形态秩序的结构来重新获得空间结构、肌理特征以及识别性，往往应用于基底结构肌理无序松散的区域或者重要的城市区位，前者缺乏有价值的线索可以延续或融合，后者需要通过具有明确特征新的形态秩序获得身份的确认。

2.3.4　分层与叠合

　　城市物质空间是各种类型要素组成的复杂系统，不同类型要素对于城市具有不同方面的作用和意义，从这个角度上来说，形成了若干子系统，各系统具有符合自身需求的空间组织规律和合理形态。设计是有目的和有意义的形式创造，产生形式的过程同时也是分析和解决问题、协调各方面矛盾和诉求、形成综合解决方案的过程。这一过程离不开对物质空间要素的系统分解和分析，需要借助于图解技术，用图层的方式来分别表达属于不同类型和系统的物质空间要素，研究各自的形态及动因。设计同样需要根据各系统内在的合理性分别进行，然后再通过图层间的叠合来协调系统之间的关系，并进行权衡和调整，形成最终的成果。

分层与叠合的操作方法是物质空间形态认知的层叠思维在设计中的沿用。认知和理解是设计的基础，动因是形态理解的关键。分层的目的首先在于清晰呈现单一要素系统的形态特征以及相互关系，应对城市形态的综合性和复杂性，其划分的基本依据是要素的物质类型，如绿地、水体、道路、建筑物等。其次，由于形态不能脱离其在城市中的作用和意义，即动因，系统构建和要素划分往往还要结合分析研究的主题。例如，关于城市生态环境的分析中，绿地、水面等可以划分为绿色开敞空间系统，它们共同呈现为廊道、斑块、面域等基本形态；而城市公共活动的分析中，公园绿地、城市广场和城市街道中一部分可以划分为公共空间系统，呈现出网链的形态特征。此外，分层的操作不仅用于物质空间的认知和分析，也是设计研究和诠释的手段。要素系统的建构和划分本身就是设计思路的体现，不同层面设计意图和要素同样可以通过分层的方式呈现和表达。如拉·维莱特公园设计方案，库哈斯将设计要素分解为条带功能区域、点格状布置的建筑和场地、联系路径等，诠释了设计的逻辑（图 2-79）。

分层是带有设计意图的分解过程，操作本身就体现了设计的价值判断和思维结构；叠合则是多方面设计意图的综合过程，设计贯穿在这两个互逆的过程当中。分层为不同设计问题的单独研究提供了可能，设计表现为各系统中参与叠合的物质空间要素的取舍，形态关系的调整或者重新组织，以及全新构思的要素系统的创建。分层设计的结果为叠合提供了原材料。叠合是寻求不同设计问题综合解决方案的过程，也是处理各要素系统的关系并逐步确定形态的过程，既包含了不同类型要素系统

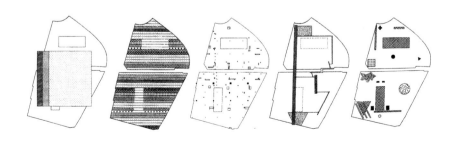

图 2-79　拉·维莱特公园设计，设计要素的分层

之间的叠合，也有属于同一类型的新旧要素系统之间的叠合。各系统要素叠合的先后次序同样是设计意图和价值判断的体现，取决于对设计中所面对的各类问题的重要度的判断，以及对各要素系统在形态构成中重要程度的判断。不同设计任务中面对的设计问题及其重要度各异，而各类要素系统，有些对于形态而言是结构性的，有些则只是局部肌理性的。一般而言，叠合会按照从主要问题到次要问题，从宏观到微观，从整体结构到局部肌理的逻辑顺序展开，并不断协调不同系统要素之间的关系，在系统之间存在矛盾冲突时进行权衡和取舍，经过多次反复最终达成一个具有高度整合性的成果。通过分层的单独设计和相互叠加及修正，不仅可以多角度呈现形态的构成，解读相互之间的关系，更可以在此过程中探讨不同要素对设计概念和操作的推进作用。形态设计得以从相对混沌的感性操作转化为一系列的相对理性的分析和判断，也更能够体现设计工作的综合性本质，其所具有的主观诠释的特性以及激发设计思维的潜在可能也是其优势所在（图 2-80）。

　　按照不同要素系统在操作过程中的处理方式，叠合有两种基本类型，可称之为透明性层叠和非透明层叠。透明性层叠通常发生在二维平面上、同一等级系统要素之间的处理，是指各单项系统在彼此层叠的过程中只有局部被保留并参与最终的形态建构。其操作步骤以形态要素和结构的分层为起始，建成环境和设计建议以一系列分解图的方式分别被描述和呈现，叠加过程中经过权重评估和选择，各个局部分别被保留或替换，由此得到设计所需要的新的形态架构，再经过设计修正和深化得出设计结果。这种设计策略直观地反映了城市在发展演变过程中多系统多因素

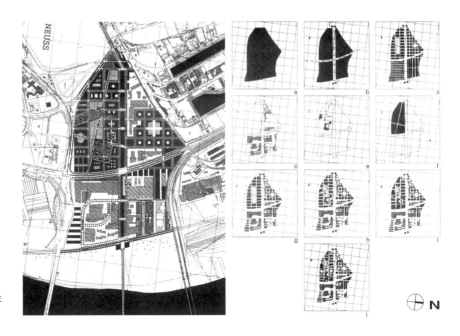

图 2-80　Neuss-hammfeld 城市设计总平面，分层与叠合的设计方法

的相互作用和牵制对于城市形态的直接影响，其关键在于分层标准的明晰性和纯粹性以及分项评估中权重判断的价值倾向。非透明层叠通常发生在三维空间中不同系统立体交叉关系的处理，各单项系统在叠合的过程中能够基本保持其自身的相对完整性，彼此之间通过节点空间进行连接并共同参与最终的形态建构。例如，地铁系统主导的地下空间通过换乘枢纽与地表空间相互连接。实体要素在三维空间中的并置与叠加，并在交叠部分通过公共空间而形成彼此的联结和互动。对于这种形态组织而言，传统的平面的图底关系已经让位于立体的层叠概念。

课后思考题

1. 城市形态的认知通常包括哪几个层级？试在同一个城市中选择不同尺度的区域，在相应层级上认知其形态特征，并以图文结合的方式表达。
2. 怎么理解城市形态的拼贴和层叠特征？试在城市中选择不同的区域，分别从这两个逻辑视角分析其形态特征，并以图文结合的方式表达。

参考文献

[1]（法）赛格·萨拉特，城市与形态——关于可持续城市化的研究 [M]. 北京：中国建筑工业出版社，2012：38.

[2]（美）埃德蒙·N. 培根. 城市设计 [M]. 黄富厢，朱琪，译. 北京：中国建筑工业出版社，2003：160.

[3]（法）赛格·萨拉特. 城市与形态——关于可持续城市化的研究 [M]. 北京：中国建筑工业出版社，2012：491.

第 3 章
场所

本章要点：

- 建立场所的概念，理解场所的物质、人文、时间属性以及场所的演变过程。
- 理解场所认知的多种角度，了解场所的类型，掌握各种类型的基本概念、功能，以及影响场所的内外因素，建立场所认知的完整框架。
- 理解各类型场所的空间特性及其领域建立的方法，理解场所的氛围塑造方法，学习各类场所的设计方法。

3.1　场所的概念

3.1.1　什么是场所

校园、街道、广场、公园、街头绿地等都是人们熟悉的各种城市场所，人们在这些场所中休息、健身、聚会、学习、交往，等等。北京的天安门广场、上海的外滩、杭州的西湖、哈尔滨的中央大街，等等，这些都是我国非常著名的城市公共场所。一个街头小游园，可能是其周边居民难以割舍的社区公共生活的所在；游历一个城市，时常会因为某个特别的场所而对这个城市留下经久的记忆。城市场所是承载城市各种公共生活行为的空间环境，具有可达的、开放的、可识别的特征，并常常与一个地方的文化特质相维系。场所既是物质的，也是精神的。场所的物质性由自然要素和人工要素及其空间关系所组成，自然要素在很大程度上铺成了场所的环境特性，人工要素则赋予空间场所以不同的功能和品质，使得场所具有某种特定的性格或氛围。在《场所精神》一书中，舒尔茨（Christian Norberg-Schulz）用"聚落"（Settlement）和"地景"（Landscape）两个术语来描述，分别对应于场所的"特性"和"空间"[1]。

城市正是由各种生活和工作的场所而组成，以空间和时间两个维度呈现出物质与精神的多样性和过程性，显现出城市的生机与活力。场所不仅是生活的空间容器，也展现出城市的风貌特色，并见证城市的历史积淀与演进。

3.1.2　场所的属性

1. 物质属性

城市空间来源于它所处的自然地理条件，因而场所不仅在生态上与自然环境相协调，而且在形态上也与物质环境有机联系。场所的物质属性由自然要素和人工要素两个方面的属性组成。

自然要素是场所中的重要组成部分，其内容既包括地理位置和自然地形地貌（平原、山谷、盆地，江河、湖泊、海洋等），也包括自然环境中的物质（土地、高山、岩石、河流、树木等），还包括自然气候、水文等因素。世界各地的自然要素丰富多样，争奇斗艳。自然要素历来对于城镇规划设计和人类聚居环境的建设具有重要的影响，对于场所的塑造也具有重要的作用。场所的位置和环境不同，其自然要素也大相径庭，因而呈现出丰富多彩的格局。正如麦克哈格（I. McHarg）所指出的："城市的基本特点来自场地的性质，只有当它的内在性质一旦被认识到或加强时，才能成为一个杰出的城市"；"建筑物、空间和场所与其场地相一致时，就

图 3-1　大理古城肌理

图 3-2　大理古城

能增加当地的特色"[2]。

人工要素是场所所在的自然环境中经过人工干预的部分,形成相应的城市、聚落、建筑、广场、道路、铺装及景观等。自然要素是人日常生活的舞台,对人们的生活起到一定程度的制约。而人工要素则表现为一系列丰富的环境层次,从自然环境中村庄或城市,到建筑组团和户外空间,再到单栋的建筑或其内部,呈现出严整而丰富的层次结构。

在场所的塑造过程中,自然要素和人工要素两个方面总是紧密联系在一起,古往今来的国内外许多案例中,人们都十分重视这些自然要素和人工建设的城镇空间和谐地组合在一起。

大理古城位于云南省西部,东临碧波荡漾的洱海,西倚常年青翠的苍山,形成了"一水绕苍山,苍山抱古城"的城市格局,体现着中国大地上的建城智慧。大理古城已有 1 200 年的建造历史,现存的大理古城是以明朝初年在阳苴咩城的基础上恢复的,城呈方形,开四门,上建城楼,下有卫城,更有南北三条溪水作为天然屏障,城墙外层是砖砌的;城内由南到北横贯着五条大街,自西向东纵穿了八条街巷,整个城市呈棋盘式布局。全城清一色的青瓦房屋面,鹅卵石堆砌的墙壁,白族民居古香古色,显示着古城的古朴、别致和优雅(图 3-1、图 3-2)。

而在意大利,北部蜿蜒的阿尔卑斯山和中央绵延的山脉形成了这个国家最重要的地形特色,由于地形的关系,在阿尔卑斯山南侧和中央山脉的两侧形成了各式各样的地景,平原、山谷、盆地,湖泊和海湾,整个国家的自然景观丰富而有特色。绵延的山脉、散布的湖泊和点缀其间的聚落形成了意大利重要的景观特色(图 3-3、图 3-4)。

2. 人文属性

场所的人文属性是在一定的自然、社会和经济的基础条件下,人们

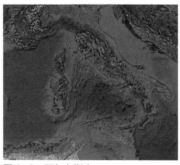

图 3-3　阿尔卑斯山

图 3-4　阿尔卑斯山中的 Grangesises 小镇

展开有意识、有计划地或者是自发地建造场地而后赋予的特性。影响一个场所人文属性的因素一般有社会、政治、历史和文化等因素，这些因素的共同作用造就了场所的特质。城市里人们的各种活动都会影响到城市空间的变化与发展，而且不同时期里，不同的人群及其不同的行为也都会导致场所形态的不同。因此，城市空间中必然会承载着多个历史时期里社会的、政治的、经济的和文化等类型的人文信息。

人们对于一座城市的认识是由小及大的过程。首先从身边的一个个微观的场所开始，认知过程会受观者自身因素的影响，而后对场所的认知会转换成储存在脑海中的记忆，随后人们会将这些微观场所的认知组合一起，得出了对于场所的整体认知。进而对于一个个场所的认知不断整合，形成对于整座城市的整体认知（图 3-5）。

图 3-5 威尼斯运河上的码头

3. 时间属性

场所虽然存在于空间中，却不仅仅由空间决定，而是同样会受到时间因素的影响。从古至今在空间里持续不断地发生的事件，都会影响到这个场所，形成所谓的"场所精神"。这种精神一旦被挖掘，然后被给予某种表现形式，它就可能成为这个场所的标记。于是，一代代的人对场所的记忆就形成了场所的历史，而城市的形象也在人们的集体记忆中被不断构建。场所便成为一个承载着过去的和现在的事件和行为发生的舞台，同时也为未来发生的变化提供了基础框架。

场所的时间属性由两个方面的含义组成：

一是同一个场所的时间属性，场所的特性是时间的函数，会因季节的变化甚至一天的周期而变化，尤其是随着光线的变化而变化。例如万神庙（Pantheon）就是一个典型的例子。万神庙位于意大利的首都罗马，原来是一座宗教建筑，是古罗马时期的最重要的建筑之一。万神庙的主体呈圆形，建筑的顶部设置了一个直径达 43.3m 的穹顶，穹顶开了一个直径 8.9m 的圆洞用于采光。这个圆洞也是万神庙唯一的采光之处，从穹隆顶上射入的光线会随着一天中以及一年四季中太阳位置的变化而不断变化，形成一个独特而不断变化的场所（图 3-6、图 3-7）。

图 3-6 万神庙

图 3-7 万神庙穹顶

图 3-8 库伯雷广场　　　　　　　　　　　　　　　　　　　图 3-9 汉考克大厦

　　二是场所在时间维度的积累与时代特色，例如贝聿铭在波士顿设计的汉考克大厦对于库伯雷（Copley）广场的改变。在一个精致的古老教堂边上，贝聿铭先生将体量巨大的现代建筑几乎完全消隐与蓝天和环境之中，新建筑的玻璃界面忠实地影射和衬托着古老的教堂，体现了一种独特的自信和壮丽。新旧建筑和谐共存，体现了建筑师对于现代功能与传统环境关系的深刻理解（图 3-8、图 3-9）。

3.1.3　场所的演变

　　场所并不像一座建筑一样在较短的时间内可以形成，场所的形成往往要经历很长的时间跨度，而且场所还一直处于不断变化更新的状态之中。各个时代、各个年代的设计者和建造者一代又一代地塑造着场所空间。因而场所的结构并不是一成不变的，而是随时间不断变化的。变的速度和幅度也不尽相同，有时甚至非常剧烈。不过这并不意味着场所精神会改变或丧失，相反，一些本质的历史文化属性会一直延续。

图 3-10　圣马可广场地图

　　例如意大利著名的圣马可广场，其在公元 9 世纪起直到 18 世纪这段时间中经历了多次改建、增建和修缮。其中所完善的每一步都让这个场所更加令人难忘，这个广场也越来越和谐统一，趋向更完美的状态[3]（图 3-10、图 3-11）。

3.2　场所的认知

3.2.1　场所认知的角度

　　认知一个场所的方法有很多，最常见的是对场地进行文献等资料的查阅和实地的调研，通过这两个方法可以掌握一个场所的基础信息。但若想要更加深入地了解一个场所的内涵，就需要通过进一步的专业调研，

图 3-11　圣马可广场

例如对场所进行勘探、测量、绘制等。通过这些方法可以深入挖掘场所所包含的内在信息。

由于场所内容的丰富性，我们可以从不同的角度来认知，在此选取三个典型的角度来说明如何认知场所。

1. 尺度认知

一般来说，城市空间的尺度关系包含人与实体、人与空间之间的尺度关系（例如人与建筑高度的比例，人与空间大小的比例等）；实体与实体的尺度关系（例如建筑与山峦的比例）；空间与空间的尺度关系（例如空间之间的距离以及空间大小之间的相互关系等）；实体与空间的尺度关系（例如周围建筑高度的比例与广场大小等）。

城市空间并不是孤立存在的，而是按照大小和位置关系形成了各个层级的空间，在城市设计中，这种层级序列是一般是从大尺度的自然环境到宏伟的城市广场和笔直的街道，再一直到小尺度的亲切的庭院空间，形成一个层次清晰而严整的系统。大大小小的场所串起了城市所有的户外空间，城市广场与街道的尺度直接决定着人们对于城市的认知。

2. 形态认知

场所的形态可以从两个方面来认知，一是形状，二是要素。

就场所的形态而言，首先城市空间呈现出一定的形状，形状可以是规则的几何形状，也可以是不规则的直线或曲线形状。规则的空间大多数情况下是经过了人们有意识的规划设计和建造而成的，而不规则的空间大多是人们自发建造形成的，但也有些是经过规划设计而建造的。

规则的形状所形成的场所一般都拥有理性的秩序，例如直线型的漫步街道、方形的城市广场、网格化的街坊街区等，这些设计都有利于现代城市道路的建造、工程管线的铺设以及各个项目的施工建造。

不规则形状的场所，如果其不规则的程度只是轻微的，通常人们并不会直接地感到其不规则的状态。而使人们能够有明显感觉的不规则空间的场所，正像其不规则的构图一样，会令身处其中的人们感到新奇、刺激和兴奋。同时，由于其模棱两可的特性，人们也需要花一定的时间才能够清楚地认识这个场所，于是还能够给人们带去疑问、期待和耐人寻味的感受。这些不确定因素的叠加，使得这类空间通常更加具有吸引力。

在场所的形态中，节点和路径是两个主要的要素，分别对应于城市中的广场和街道。广场作为节点很显然扮演一个中心的角色，街道则是路径。场所形态认知中还有一个重要概念是领域，用以表达场所围合的状态。节点、路径和领域的结合可能塑造出复杂的整体。场所要素的形态可以是独立的，与相邻空间没有关系，例如街道有头有尾，广场边界清楚，其组成要素的形态也可以是相互连通的并相互作用的，他们会共同构成一个系统的整体，我们可以在从一个空间向另一空间移动的过程中更好地去认识和欣赏它们。

3. 物质认知

所有的场所都是由具体物质构成的，从地面的铺装到建筑的材质，从细部的质感到整体的色彩，形形色色的具体物质整合在一起，形成了丰富多彩的场所。

就质感而言，场所的各个界面和底面的质感，如地面材质、建筑墙面、商店窗、室外设施、标志、绿化种植及建筑小品等的质感都应该细致处理，并适合人的尺度。色彩通常是影响人们对场所直观印象的最重要因素之一，用来表现场所所在的城市空间的性格、环境气氛等，所以其也是设计师们用来创造良好的空间效果的重要手段之一。例如我国明清北京的紫禁城，就是运用色彩的范例。整个紫禁城区域全部采用浓重的黄色屋顶、红墙及白色的台座和栏杆，这种基调在城区外大片的黑瓦和灰墙的四合院住宅群的衬托之下，更能够显示当权者的威严和权势，同时也反映了中国古代的哲学思想（图 3-12）。

这些场所通过人们对其的认识，根植于人们的记忆和历史的长河中，根植于人们的家庭和社会，进而使人类自身根植于地球。人们借助自身不同的感官去感知场所，运用灵活的四肢运动去探索场所，因而场所在功能方面也应该满足人们基本的日常需求，例如人们在房间内需要向外眺望风景的时候，就应该在墙壁上设置一扇窗户；当人们的双手被占用时，就应该设置一个架子来放置行李。此外，场所还应当具有可塑性，能够让人们表达自我，例如人们可以根据自身的意愿去放置窗边的花台，建筑的门廊可以是开敞式的，也可以是围合式的，等等。最重要的是，场所还能表达其中所蕴含在物质背后的个体空间和集体空间的价值[4]。

3.2.2 场所的表现类型

场所的类型十分多样，城市中的街道、广场、公园、大学校园以及滨水空间都是生活中常见的场所类型。

街道是城市中一种基本的线性开放空间，最初是为了人们从一个地点转移到另一个地点而建造，而后随着社会不断地发展，街道内部可发生沟通和交往的潜力被开发。因此，街道的功能主要包括两个方面，第一个是交通功能，是人们可以在其中穿行，并可以安全、迅速、准确地到达目的地的通道与途径；第二个是生活空间的功能，人们可以在其中进行各类日常生活行为，例如休息、散步、聊天、交流及购物等。

在现代社会，街道空间是人们进行城市生活的主要载体之一。在中国，有许多历史街区既提供了人们基本的生活需求，又给予了人们多样丰富、归属感强烈的街道场所，唤起了人们对当地城市文化的共鸣和认

图 3-12　明清北京故宫（现存）

图 3-13　上海南京路步行街

图 3-14　哈尔滨中央大街

同（图 3-13、图 3-14）。

　　广场是城市中重要的户外公共空间，是"为满足多种城市社会生活需要而建设，以建筑、道路、山水、地形等围合，由多种软、硬质景观构成的，采用步行交通手段，具有一定主题思想与规模的节点型城市户外公共活动空间"[5]。在大多数情况下采用硬质铺装，而且通常不允许机动车入内（图 3-15、图 3-16）。虽然硬质铺装地面通常占主导地位，但可能会有树木、花草等植被点缀其中。广场与街道最大的不同点是，它是一个供人停留的空间，拥有较强的领域性，而不是一个更多用于通过性的空间。在广场这样的公共空间里，人们可以进行各种类型的行为活动，例如散步、锻炼、集会、交流、嬉戏以及喝茶和野餐等[6]。

图 3-15　圣彼得主教堂前广场

图 3-16　北京天安门广场

　　例如美国华盛顿的国家广场（National Mall），它是美国首都华盛顿的一处开放型的国家性质的广场，其灵感最初源自 1791 年皮埃尔·查尔斯·朗方的华盛顿规划方案，直到 20 世纪初的麦克米兰计划才得以实施。该广场中主要的形式为绿地，其从华盛顿纪念碑一直延伸到美国国会大厦。绿化区域位于广场的中间部分，这条绿化轴线的北侧有美国国家历史博物馆、华盛顿国家艺术馆雕刻园、美国国家艺廊等，南侧有美国国立美洲印第安人博物馆、美国国家航空航天博物馆、美国国立非洲艺术博物馆等（图 3-17、图 3-18）。

　　公园是城市中环境优美的休闲空间，以大量的自然植被和人工种植的植被为主要特色，它们主要用于满足人们观赏和休闲的需求。公园是现代城市中最具代表性的空间类型之一，它为全体城市居民提供服务。在一些特殊的情况下，公园与广场的概念并未划分得十分清晰，因为两者都属于城市的开放空间类型，二者中所具有的要素相近，即广场中可能会有绿地，公园中一般也会有广场硬地的成分。所以，有些空间同时兼有公园与广场两种名称，例如南京鼓楼市民广场（也称鼓楼市民公园，图 3-19）[7]。

图 3-17 美国华盛顿国家广场地图

图 3-18 美国华盛顿国家广场

此外，在美国还有一类公园，称为邻里公园或口袋公园，是可供人们消磨时光的公共空间之一，例如美国纽约佩雷广场（也称佩雷游园，图 3-20）。这类公园在美国历经了四个阶段：游憩园、改良公园、休闲设施和开放空间系统。

大学校园空间可以追溯到中世纪欧洲的"大学路"，在中世纪中后期，在"大学路"的基础上，开始出现了围合式的大学。随着技术和生产所带来的发展，校园的规模不断扩大，此时的大学校园空间开始具有开放性。第二次世界大战以来，随着各学科之间不断地渗透和联系，大学校园向着整体开放的方向发展。

图 3-19 南京鼓楼市民广场（鼓楼市民公园） 图 3-20 纽约佩雷广场（佩雷游园）

大学校园空间的类型繁多，从具有强烈封闭特征的英国牛津大学、剑桥大学到美国东部弗吉尼亚大学的"学术村"，从伯克利校园内规整的规划布局和别致的建筑之间的融合，到加拿大的一些大学内开始出现巨大体量的单体建筑，再到加州大学圣克鲁斯分校，其校园建筑的布局大多与当地自然环境和气候特征相协调[8]（图 3-21、图 3-22）。

图 3-21　牛津大学

图 3-22　加利福尼亚大学伯克利分校

滨水空间是临近水体的陆域空间与水域空间相联系所形成的区域，是一种特殊的场所，具有丰富的生态景观和文化内涵，是早期大多数人类选择聚居的地方。工业革命以后，滨水空间往往成为城市的核心交通枢纽，但随后又经历了城市的逆工业化而逐渐衰落，再到后来随着全球经济的回暖，滨水空间重现生机，体现出重要的旅游和商业价值。如今，滨水空间在人类的城市生活空间中拥有着不可替代的地位，其所形成的"蓝带"空间越来越受到重视，与城市中的绿化带所形成的"绿带"空间一起构成了城市中最靓丽的风景线[9]（图 3-23、图 3-24）。

图 3-23　上海外滩

图 3-24　芝加哥滨水河道

3.2.3　场所的影响因素

1. 场所内在的影响要素

1）自然影响

一个场所不可能脱离物质性条件而存在，场所一定会处于地球的某个地理位置下。因此，场所物质属性必然会受到其自然环境的影响，例如地理位置、气候条件、地形地貌和水文等。例如湿度较大的热带地区可能会设计开敞一些的功能空间，以达到空气流通、通透的目的，而在干热的地区，为了防止风沙和强烈的日照，人们会设计比较密实的建筑布局，场所的形态也因此受到影响[10]。

因为场所所处的位置不同，其所受到的自然方面的影响不同，所以可能呈现出的场所格局和氛围也不同。场所正是在这个基础上开始发展并逐步成型。

2）人文影响

场所不仅存在于空间中，也随着时间不断地变化和发展。场所中所包含的所有时间都成为场所的一部分，从古至今在场所中所发生的一切无一不在影响着场所。无论是某次慷慨的演讲，还是某次动荡的革命，都会成为场所记忆的一部分，影响着人们对场所的认知。同时，场所所在区域所包含的价值观也会影响着场地整体，通过场地的形式表现出来。

例如在美国社会丰富多元的价值中，影响美国高等教育的价值观主要有精英教育和大众教育两种，反映在大学校园上则表现为学院式校园和花园式校园两大类，其校园形态和景观清晰地反映着其所代表的不同价值观。

普林斯顿大学里的学生们大多来自富裕而有社会地位的家庭，价值观也趋于保守和贵族化。普林斯顿大学校园的规划设计很好地诠释了其教育思想，校园的西南边界沿铁路是线性而密集的建筑，形成了学校和外界之间的屏障，高耸的塔式建筑形成了学校的入口。这样的规划设计很好地创造了城市中相对安静的读书和生活空间，也限定了大学和尘世之间的心理边界。普林斯顿大学的研究生院更加秉承了这样的思想，形成一个完美的内省和自律的四方院型的"学院"，学生吃住在一起，在围合的整体大学内部又形成的一个小的四方院系统（图3-25、图3-26）。

相比较之下，风景园林设计师奥姆斯特德（Frederick Law Olmsted）所开创的能够体现新式民主化教育理念的规划设计模式，不仅达到了美

图3-25　普林斯顿大学总平面图

图3-26　普林斯顿大学

学和实用的目的，更有基于价值观的考量。以奥姆斯特德在 1866 年为加州学院（也就是后来的加州大学）伯克利分校所设计的总平面为代表，这一规划中，大学的建筑成组成团布置在设计好的各个地块中，其他的部分则被设计为开敞的公园绿地，供师生和周围的居民共同使用，成为开放的城市空间。这一模式对早期的《土地赠予法案》背景下的一大批大学产生了巨大的影响，传递和强化了美国新式教育体系的平等自由的观念，具有鲜明的美国特色和时代精神。

3）功能影响

场所的功能是场所重要的影响因素之一，场所的功能在很大程度上决定了该场所的内在特性和构成方式。例如提供游憩的公园与提供路径的街道，二者的呈现形式因其功能的不同而不同。公园由于需要满足人们观赏和休憩的需求，通常会设置放大部分空间并设置一定数量的座位，而街道的主要功能是交通，一般呈现线性的空间状态。

此外，场所可根据其承载的功能属性分为单一功能场所和复合功能场所。单一功能场所是以一种功能类型为基础形成的，例如设计的某类专属功能的公园，或是街道、道路构成的线性空间。但大多数场所是集多功能于一身的复合功能型场所，大部分的街道、广场、公园均属此类别。

4）围合方式影响

任何人为场所给人最明显的感受就是围合性，其空间特性和氛围很大一部分取决于这个场所的围合状况，一个场所的围合可以是非常紧密的围合或是不太紧密的围合。其中能够影响到围合性的因素有开口的数量和形式、围合边界的长度及高度，以及场地中隐含的方向性等，这些因素都会导致各个场所开放的程度有所不同。而场所开放程度的不同则又决定了场地的特性，场所边界的封闭性或是渗透性会使得场所空间变成独立的或是成为更加广阔的整体中的一部分，也就是说，场所被围合得越封闭，场所就越独立。所以，一个场所既可以是一个封闭的独处空间，也可以是一个相对开敞的供人交流的场所。

以哈佛大学为例，在其校园规划设计中四方院格局一直作为最重要的空间特色得以延续，从最初的 3 栋建筑围合而成的小尺度院落一直到成群建筑紧凑排布形成更大尺度的围合庭院。这类围合式四方院表达了保守的学院式价值观，其所带来的安宁与优雅的氛围被认为其有助于学习效率的提高和学生情智的综合培养。到了 1930 年代，哈佛大学校园规模已经比较大，四方院形成有机的系统，将大尺度的大学校园分割为相对较小的小单元，为学生创造舒适宜人的小空间。这一时期在哈佛苑（Harvard Yard）沿边建设了一系列窄长的宿舍，形成内部学院和外部城市之间的屏障，既有着隔绝城市噪声和活动的实际作用，也体现着哈佛强化学院制校园的想法，即不仅重视学习的氛围和物质因素，而且更加追

图 3-27　四面围合的哈佛最老的校区·哈佛苑 地图

图 3-28　四面围合的哈佛最老的校区·哈佛 苑围合效果

求文化和精神的特质塑造（图 3-27、图 3-28）。

麻省理工学院（MIT），位于剑桥市和波士顿市交界处的查尔斯河畔，基地属于典型的高密度城市用地。MIT 没有采用美式分散的校园建筑布局，而是采用一栋巨大的建筑，建筑的许多翼从中心穹顶伸出，形成了一个巨大的开敞庭院，向查尔斯河开敞，进而透过查尔斯河，更可以将河对面波士顿市的美景尽收眼底，这是一种不太紧密的围合方式，是基于基地条件和景观的设计既体现了包扎传统的整体性规划设计，也结合了高密度城市社区的基本条件，并结合场地所处的城市环境进行创新。其建筑造型上使用了美式大学中标志性的杰弗逊穹顶，塑造了庄严神圣的氛围（图 3-29、图 3-30）。

图 3-29　麻省理工学院（一）

图 3-30　麻省理工学院（二）

2. 场所之间的影响要素

多个场所距离相近的情况下，场所与场所之间必然会相互影响。最典型的案例是意大利的广场，这些广场往往并非独立存在，而是由几个相互穿插的小广场形成一个层次丰富的整体空间系统。

例如中世纪佛罗伦萨的市政广场，就体现了城市肌理中所隐藏的理想几何构图。旧皇宫（Palazzo Vecchio）被插入领主广场（Piazza della Signoria）的构图中，通过一定角度的扭转，原本两个建筑之间的空间被

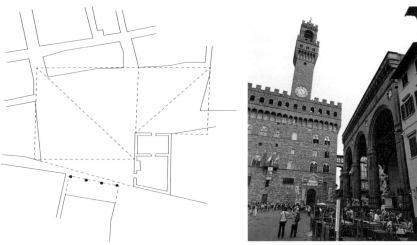

图 3-31　14 世纪佛罗伦萨市政广场平面图　　　图 3-32　佛罗伦萨市政广场

分成一个较大的广场和一个较小的广场，形成了两个既相对独立又有整体相关性的场所。两个广场之间存在着积极的相互影响，一同成为意大利最令人流连忘返的场所之一[11]（图 3-31、图 3-32）。

3.3　场所的设计

3.3.1　场所空间特性与领域建立

场所设计首先要回答的问题是场所的在地性，即在哪里设计什么样的场所的问题。按照场地原有自然地形地貌特征，对物质要素按照人的需求按要求进行空间配置，尽量扬长避短，进行有效的场所设计。

首先，当原有自然地形地貌对于场所设计有利时，尽量突出和利用自然地形地貌的特色。例如原有地形中的山丘、河流和树林等都可以成为设计的出发点，可以成为城市公共空间或是街道的端点、节点或是借景之来源，以便赋予场所以独有的特征。

其次，当原有自然地形地貌对于场所设计不利时，对于现有环境中的不足加以选择或补足改进，使得所设计的场所获得相对良好的小环境。

3.3.2　场所的品质发掘与空间设计

在自然地形地貌的基础之上，结合人的需要，对于场所品质进行发掘和表达，其核心问题是：设计什么，以及为什么这样设计。这是一个理解自然之后赋予其一定的象征或是实际意义，再将这种意义加以表达的过程。

图 3-33　雅典卫城

例如，在有山丘或高地的地形中，自然的场所将出现在山丘高处而非山谷下面。因为其在周边的地景形成一个自然的中心，例如雅典卫城的设计（图 3-33）。另一个影响场所设计的重要因素是太阳的方位，南向的山坡的显然比北向的山坡更加适于居住，因此北半球各地的村庄大多选址在山坡南侧的谷地之上，这种自然地形和朝向的结合对于山地聚落的设计是至关重要的。

不同的场所之间可能是相互独立的也可能是紧密联系在一起的（如罗马的广场群）。当设计紧密联系的场所时，可以有目的地展示出它们的联系，突出其中的重点空间，使得整体更加丰富多彩。

通过设计可以成功地激发场所的品质，进而成功地创造出任何形式的城市空间。一个成功的城市空间的基础是它的比例、地面和墙，以及空间内的生机勃勃的活动。一个长方形广场可以在端部布置起主导作用的建筑焦点，或是在中央设置相应的雕像群。一个非常大的广场可以作为主要建筑前的舞台装置。一个 L 形的广场，则可以在拐角处放一个高塔（如威尼斯的圣马可广场）或是将拐角空间设置为敞廊来联系 L 形广场两边的空间（如佛罗伦萨的领主广场）。一条过长的街道，则可以在中心处布置小建筑物，使街道具有适合的尺度感，因为它可以将空间再划分但又保持了街道的连续性。

3.3.3　场所的类型与设计

在场所设计中，节点、路径和领域的结合可以创造出丰富多彩的场所。节点通常以广场的形式展现。广场的产生有两种情况，早期的广场是由最初的市场随着市民活动的增加演变而来的，是群众集聚的重要场所，例如意大利博洛尼亚市的中心广场就是由两条十字交叉的道路交叉口的集市发展而来的。另一种则是城市规划产生的城市中的焦点空间。广场的基本模式是建筑围绕着空间，而中央经常由一个雕塑或者喷泉加以标示。路径通常指街道，有时也指滨水空间，前者可以是进入场所的街道或是场所中所包含的街道。这些路径是城市的脉络，联系着城市内部的不同区域。领域一般为某些特色空间，例如大学校园、公园等。

1. 街道

城市最基本的特征是包含着人们各种各样的活动。人们的活动很大程度上是线性的，所以城市中的街道就以线性方式承载着人们的活动，是城市中最具有生命力的空间，也是城市中最主要的公共场所之一。街道可以从不同的角度去认识它，在宏观上街道就是线，是将人们从一个地点转移到另一个地点的通道。但在微观上看，它却是一个很宽的面，可以进一步细分出步行道和车行道（或是非机动车道和机动车道）。

研究表明，人们对于街道空间的感受与街道宽度（D）、沿街的建筑高度（H）之间的比例有关，这两者也在很大程度上决定了街道空间的形式。当 $D/H < 1$ 时，在其中的人们可以看清空间细部，街道空间此时具有一定的封闭感；当 $D/H=1\sim3$ 时，在其中的人们可以看清空间的整体，街道空间此时存在围合感；$D/H > 2$ 时，人们还会具感受到空间的宽阔感；当 $D/H > 3$ 时，人们可以看清空间的整体及其背景，街道空间此时几乎不存在围合感。因此在大多数情况下，城市街道中 $D/H=1\sim2$ 是最常用的比例[12]。

此外，街道长度（L）与街道宽度（D）之间的比例关系也是影响人们感知的因素之一。当 D/L 的数值大，即路幅宽而长度短，街道此时的线性空间感较弱，节点空间感增强；反之，当 D/L 数值小，即路幅窄而长度长，街道的线性空间感较强，几乎没有节点空间感，给人们的印象是通道[13]。

美国著名的作家和学者简·雅各布斯认为，街道除了交通功能外，还与使用者的心理和行为相关。现代的城市理论将城市当作一个整体，这个现象的背后忽略了许多潜藏在整体中的细节。虽然考虑了街道的交通功能，但不考虑街道空间是人们最经常使用的交往场所，所以现代城市的完善首先就是要恢复街道与街区的活力。

例如当街道禁止车辆通过时，它就有可能扮演近似于广场的角色，即变成一处人们可以漫步、坐下来、吃东西以及观察身边活动的场所。这类街道通常位于老城区或商业中心，完全或主要用于步行。多数情况下，老城区的街道原先并没有设置汽车道，在现代管理下多数只允许非机动车和人通行，而商业中心区内的街道的汽车道也往往被取消或变窄，设置绿化并完善设施，也许还会设有常规广场的一些设施，如食品摊、小商贩、娱乐设施及公共艺术等[14]。

案例 1：圣塔莫尼卡第三步行大街——作为广场的街道[4]

圣塔莫尼卡第三步行大街位于美国洛杉矶，是美国著名的步行街，其通常指位于维尔希雷林荫大道（Wilshire Boulevard）和百老汇大道之间的第三大街的三个街区。从这里向西两个街区是海洋大道（Ocean Aveue），可以直接观赏太平洋，也可到达圣塔莫尼卡码头及海滩。从这里向南，在南部的枢纽车站里有一个大型购物中心，就是当地的圣塔莫尼卡集市。第三步行大街与附近的街区相互响应，步行街内部满是作为餐饮、娱乐、休憩等功能的复合型空间。1988 年，在经历了一个社区参与的过程后，第三步行大街在 1989 开始改造和重建。

新的设计将第三步行大街改造得更加完善，从各个方面考虑了空间

图 3-34　加州圣塔莫尼卡第三步行大街

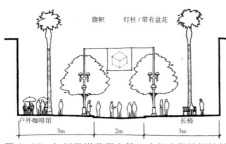

图 3-35　加州圣塔莫尼卡第三步行大街的场地某一街区剖面图

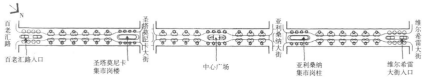

图 3-36　加州圣塔莫尼卡第三步行大街平面图

的尺度问题。例如，在垂直方向上，不仅考虑了植被的高低设置，还考虑了灯具的位置和悬挂旗帜的方式，而在水平方向上将街道划分成了三个部分，位于中部的安全岛设置了许多植物和水景。而为了避免产生单调的感受，还使用了多种铺装进一步打破了硬质的表面，增添了街道的丰富性。此外，这个项目之所以改造成功，还因为街道的管理对这个项目起到了决定性的作用。街道内部使用了一种被称为"有管理的街道"的街道运维方法，维护管理和清洁卫生水平的提高、良好的绿化养护能力、改进的保安措施，以及对吸引人流的节庆活动的监控，都是步行街取得成功的关键因素（图 3-34~ 图 3-36）。

案例 2：哈尔滨中央大街

中央大街位于中国黑龙江省哈尔滨市，南起新阳广场，北止松花江边的防洪纪念塔广场。整条街全长约 1 450m，路幅宽度约 21.34m，是哈尔滨市主要的商业街之一。中央大街拥有悠久的历史与文化，它始建于1898 年，几乎与哈尔滨建城时间同步。1996 年，改造后的哈尔滨中央大街成为中国著名的商业步行街，并于 2008 年评为"哈尔滨十佳名景"。

中央大街的特别之处在于：第一，路面由方石铺成，每一小块方石长 18cm、宽 10cm，其形状大小如同俄式的小面包，故俗称"面包石"；第二，街内建筑风格多样，汇集了从文艺复兴时期直到现代主义时期在内的多种具有影响力的建筑风格，是建筑艺术的聚集和展示场所（图 3-37、图 3-38）。

案例 3：上海南京路步行街

南京路位于中国上海市黄浦区，是上海市乃至全国最著名的商业街之一。南京路步行街位于南京东路，建成于 1999 年。整条步行街全长约1 033m，路幅宽度为 18~28m，总用地约为 30 000m²。南京路步行街的特

图 3-37　哈尔滨中央大街地图　　　　图 3-38　哈尔滨中央大街街景

点在于，以一条 4.2m 宽的"金带"贯穿其中作为步行街的主线。在这条"金带"上面，布置了种类众多的城市公共设施，例如花坛、雕塑、座椅等，而"金带"采用了红花岗石的铺装，划分了步行街的功能范围，使得"金带"内成为主要的休憩空间，"金带"外侧空间则成为主要的交通空间，街道平坦开阔，可以直接通向两侧的商店。

步行街中"金带"的设置，既将原本尺度较大的街道转换成了尺度怡人的步行街道，又给原本单调的步行街增添了构成场所记忆的物质要素——色彩和肌理，还为步行街提供了可供人们休憩的场所，可谓一举多得（图 3-39、图 3-40）。

2. 广场

广场的基本要求是足够围合，用建筑群围合成相对独立的空间，在一个广场内必须在各个侧面都有足够的围合性，才能使人的注意力集中在空间内，并给人以整体性。整体性建立起来之后，广场就可以灵活地组织城市空间，周围的建筑只要在尺度上相互协调和统一即可，建筑物在材质、细部和立面等方面则可以有较大的变化余地。

广场的作用一方面是体现城市节点空间的中心性，更重要的是作为城市空间的一个有机组成部分，在更高的层面上实现城市空间的传承和过渡。同时，广场既是空间又是场所，具有诸多城市功能，例如司法、行政、商贸、娱乐、宗教和社会交往等，是人们活动聚集的重要场所。在广场上不停地有人群活动、谈话和演出，必须详细了解其真实的使用状况才能更好地进行广场设计。例如希腊人会将集市广场设计成为方形的平面，这类平面一般为长方形，宽度为长度的三分之二，周边建有较为开阔的双层柱廊。集市广场的规模一般视人数而定，其面积必须适中，既不能太小导致各类活动无法在此进行，也不能过大显得门可罗雀[15]。

对于广场的设计，第一点需要满足广场的特定功能，例如交通集散等；第二点需要根据对周边环境的分析，形成与之匹配的空间尺度感、围合感和层次感。由此，针对广场的空间设计有以下几个要点：

（1）注重整体性：广场存在于城市中，是城市的一个特殊地段，应当

图 3-39　上海南京路步行街地图

图 3-40　上海南京路步行街"金带"

在设计时进行全局性地思考，统筹规划与部署。

（2）注重舒适性：注重广场空间中的各类要素，例如绿化、铺装和设施等。同时根据人们在户外活动的行为和心理对广场进行设计，让广场成为人们记忆中的场所。

（3）注重多样性：广场空间在满足规划的基本功能外，也应当与时俱进，满足现代生活的需求。设计时可以考虑以文化休闲功能为主，以纪念性、艺术性、政治性为辅，成为复合型的市民广场。

（4）注重生态性：在注重可持续发展的当下，广场与城市的整体生态环境紧密联系。广场的空间设计在确定了选址、规模、围合程度等过程中，还需要考虑日照、风向等环境生态的合理性。例如在绿化植被的选择上，宜采用适应当地生态条件的植物。

案例1：罗马市政广场

如果说希腊人设计了各种精美的建筑，那么古罗马人更加注重城市空间纪念性的塑造，通过纪念性来建造帝国的秩序。古罗马城市中的每栋建筑都是独立设计的，而外部空间则被柱廊连接起来。这种对城市空间秩序和纪念性的追求体现了罗马独特的气势，这些空间在历史过程中赋予罗马城市和建筑一种独特的自信和壮丽。

罗马市政广场位于意大利罗马市卡比多山顶的平台上，是古罗马时期的宗教中心和政治中心。该广场为米开朗琪罗改建设计，他同时还完成了广场的细节设计，例如地面铺地设计等。在这个广场的设计之中，米开朗琪罗企图突出罗马在世界版图中的重要性。但他并没有将广场设计成开放的或放射状的，相反，他在雕像的背后设计了三层高的元老院建筑，使整个广场形成一个相对封闭的梯形广场，因为梯形广场具有突出视觉中心，把中心建筑前移的作用。米开朗琪罗用一个坚实而朴素的基座将元老院高高抬起，使其成为广场空间的核心要素，再用二层高的巨大壁柱与两侧原有的建筑相呼应，取得这个场所整体形式上的统一，也为骑马的雕像提供了一个理想的观赏背景。同时他还引进了纵向轴线，椭圆状的星形地板创造出一种强烈的离心运动，与向内聚集的建筑立面恰成对比。而由于此广场位于山顶高处经由梯形大台阶与城市相连，当人们在梯形广场上转身回望，可以将以建筑和雕像为景框的城市尽收眼底，美不胜收（图3-41~图3-44）。

案例2：威尼斯圣马可广场

威尼斯著名的圣马可广场源于古代拜占庭教堂前面的一块绿地，后来在12世纪左右建起了钟楼，随后圣马可教堂、总督府、旧市政大厦、图书馆和1805年教堂对面的建筑相继建成后整个广场才浑然一体，形成现在的格局。威尼斯的圣马可广场，高耸的塔楼与横向的建筑水平线条形成鲜明的对比，它与四周不同历史时期的建筑统一而富有变化，通过

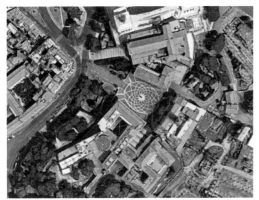

图 3-41　罗马市政广场鸟瞰图

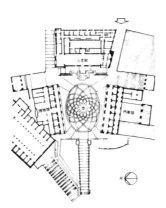

图 3-42　罗马市政广场平面图

图 3-43　罗马市政广场（一）

图 3-44　罗马市政广场（二）

　　不同尺度的复合型广场和通透的敞廊协调了几个世纪以来不断建造的作品，通过不同空间的叠合、视觉上的相似与对比等手法的应用，达到了时空、形体和环境等和谐统一的艺术效果。

　　在威尼斯高密度的城市背景下，开阔的广场在密集的都市迷宫与耀眼无垠的海洋之间形成一个富有意义的转换，为人们提供了像"城市客厅"一样的休息场所（图 3-45~ 图 3-48）。

图 3-45　圣马可广场鸟瞰图

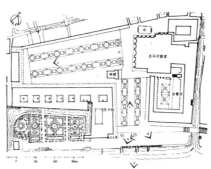

图 3-46　圣马可广场总平面图

图 3-47　圣马可广场（一）

图 3-48　圣马可广场（二）

图 3-49　科莫大教堂前广场

案例 3：科莫（Como）大教堂前广场

科莫是一座位于意大利北部阿尔卑斯山南麓的古城，由于经历了不同时期中城市政权的变换、教堂和市政厅的兴建和改造以及其他公共建筑之间的功能改变与互补，古城中的建筑所围合而成的外部广场也必然不断地受到影响。科莫大教堂前广场就是在这样的时代背景下诞生和演变的。

科莫大教堂前广场空间的演变可以从布罗乐托宫殿（The Broletto Palace）、圣玛利亚大教堂（The Santa Maria Cathedral）和圣吉亚科莫教堂（The Church of San Giacomo）三座公共建筑之间的位置关系和演化进程中得以体现。该广场作为城市中过渡的节点，维系着教堂、宫殿等重要建筑之间的关系，同时为科莫城内的市民提供活动场所，其形态和功能的变化在一定程度上可以反映科莫的政治与文化环境的演变（图 3-49~图 3-51）。

图 3-50　科莫大教堂前广场鸟瞰图

图 3-51　科莫大教堂前广场平面图

案例 4：锡耶纳坎波广场（The Piazza del Campo）

小山的交汇点以及三条大道的交叉点。广场以市议厅为中心并顺应地形呈扇面展开，宛如一个周围高、中间低的半圆形贝壳，因而又被称为"贝壳广场"。广场上红砖铺地，并用白色的石条分为九瓣，分别代表 14 世纪时的九个市民议会。广场一旁是高耸的钟楼，有 102m 高。在钟楼上可俯瞰全城以及周围的田园风光。

坎波广场由线性城市道路汇聚而形成，与周边城市有着非常密切的联系，但却通过设计保持着足够的连续性与完整性。周围建筑的形式、尺度和细部上都比较统一，环绕在广场周围。广场上有不下 11 个出入口通往城市各处，由于大部分入口上部用相似的拱连接，地面又做整体处理，所以广场周围的建筑界面看起来非常连续，只有在拐角处保留有分开的较大的缝隙，设置了大台阶与广场外侧城市道路相连，却反而加强了广场的艺术效果。由于广场周围的建筑场围合了一个舒适而相对封闭的空间，并用雕像和雕刻的细部使空间的中心更为突出，这里便成为一个绝佳的市民集会和休闲的广场（图 3-52~图 3-54）。

图 3-52　锡耶纳坎波广场

图 3-53　锡耶纳坎波广场鸟瞰图　　图 3-54　锡耶纳坎波广场总平面图

案例 5：纽约时代广场

纽约时代广场位于美国纽约曼哈顿，是美国知名的商业中心，位于百老汇大道与第七大道的交叉处。它体现了由于当代城市和科技的迅速发展以及城市的规模和尺度不断增大的背景之下，存在于城市空间中的广场所拥有得更多的可能性，以及其内涵和形式的变化所导致多元状态。

在一百多年前，时代广场因为附近坐落着中央车站而成为当时曼哈顿城中最重要的交通交汇处。1904 年，纽约时报入驻后才正式改名为时代广场，随后便在此地出现了第一块电子广告牌。如今，时代广场成为纽约地标的主要原因就归结于其密集的广告牌现象。这些耀眼的霓虹光管广告、电视式的宣传屏幕等，反映了美国曼哈顿十分浓郁的都市特征。而时代广场是曼哈顿市内唯一在规划法令内要求各商家均需悬挂这些五彩的宣传广告牌的地区，以确保当地以"独特的建筑尺度、巨幅广告及娱乐商业活动"的方式存在。

时代广场不同于传统意义上的广场，其独特性也招致了许多的批评，巨幅的广告牌带来的冲击并不一定具有美感，而且还会产生额外的开销与不必要的麻烦。但不可否认，这种让场地与都市环境下的商业融合的现象，进一步拓展了广场的范畴，拓宽了广场的含义，使广场的内涵更加丰富（图 3-55）。

案例 6：纽约洛克菲勒中心广场[3]

洛克菲勒中心广场位于美国纽约曼哈顿，建于 1936 年，被认为是美国都市里最有吸引力，最受市民喜爱的公共空间之一。广场整体的规模较小，面积不足 0.5hm²，但使用率较高，使用感受很好。广场里通常摆满了咖啡座和冷饮摊等休憩座位，在冬天，这里又会成为一个供人们溜冰的场所。

图 3-55　纽约时代广场

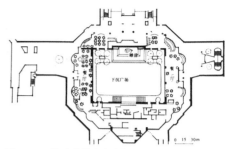

图 3-56 洛克菲勒中心广场　　　　　　图 3-57 洛克菲勒中心广场平面图

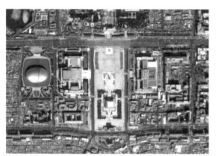

图 3-58 天安门广场鸟瞰图

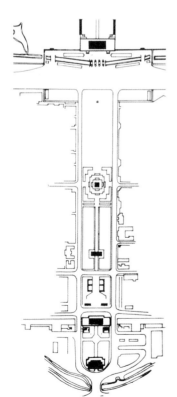

图 3-59 1958 年的天安门广场

该广场为下沉广场，在处理高差的问题上采用了巧妙的解决方法，从广场四周的 3 条大街（西 49 街，西 50 街，洛克菲勒广场大街）均需通过踏步进入该下沉广场。该广场呈对称布局，且较为封闭，围合性较高，主要由 3 条大街下沉所形成的墙面包围着广场的下沉部分。在广场对称中轴线的垂直方向进入广场的街道被称为"峡谷花园（Channel Garden）"，是大量人流的集散处，但因为其被设计成了斜坡，从而使得人们是不知不觉地从 5 号大街上走向该下沉广场，在此处往返的大量人流并不会注意到斜坡的存在。

洛克菲勒中心广场的魅力就在于这些地面的高差，在于广场采用了下沉的形式，能够引起人们的关注。此外，在广场对称中轴线的尽端放置了一座普罗米修斯的雕像，下面设有喷水池，加上以褐色的花岗石墙面作为衬托，金光闪闪，浮光耀眼，成为整个广场中视觉的焦点（图 3-56、图 3-57）。

案例 7：天安门广场

天安门广场位于中国北京市，是中国最知名的城市广场之一，也是世界上最大的城市广场之一。广场处于北京中轴线上，南北长 880m，东西宽 500m，面积高达 440 000m^2。该广场呈对称布局，庄严肃穆，所有的地面全部由浅色花岗条石铺成，广场中央是人民英雄纪念碑和毛主席纪念堂，广场的西侧是人民大会堂，东侧是中国国家博物馆，南侧是两座古代城楼，北侧是天安门城楼。

天安门广场历史悠久，是中国许多重大政治历史事件的发生地，承载了多代人的记忆，它不仅仅是一个国家性质的城市广场，同时还是见证了中国历史文化的精神场所（图 3-58、图 3-59）。

案例 8：上海人民广场

上海人民广场位于上海市黄浦区，是上海市的中心广场，也是上海最重要的公共空间之一。

广场整体呈较为对称的布局，场地内的绿化程度很高，是一个处于大都市环境下的绿色生态环境，因而不同于其他大型的城市广场，人民

图 3-60　上海市人民广场鸟瞰图

图 3-61　上海市人民广场

广场为人们提供了一个可以休憩和放松身心的场所。广场的北侧是上海市人民政府，西北侧是上海大剧院，东北侧是上海城市规划展示馆，南侧为上海博物馆，广场的文化氛围浓厚。随着科技与技术的发展，人民广场地下的空间也逐渐被开发利用，成为我国目前最大的地下商业中心之一（图 3-60、图 3-61）。

案例 9：华盛顿国家广场

国家广场（National Mall）位于美国华盛顿，是美国最知名的广场之一，属于国家性质的广场，许多美国历史上的重大历史事件都在此发生。

该广场呈东西向，是一个南北对称的大型广场，其中绿地是整个广场的主要组成内容，所以此广场也被认为是一个开放型的国家公园。该广场由于其整体布局规则有序，故整体气氛较为庄重，加上其历史上发生过许多国家性的代表事件，故这个广场更多的是给予人们一种肃穆的仪式感（图 3-62、图 3-63）。

图 3-62　华盛顿国家广场鸟瞰图

图 3-63　华盛顿国家广场

3. 公园

公园是一个城市中最典型的空间类型之一，大多数情况下均为绿地空间。其服务于整个城市的公众和市民，可以满足公众消遣游憩等需要。公园内部的绿地与景观可以是原先自然生态中存在的，也可以是人工建造的。

公园设计主要隶属于景园规划的范畴，其设计需要满足以下要求：

（1）舒适便利：公园的设计首先要满足人们最基础的舒适与便利的需

求，在城市整体规划时应根据服务半径等布置公园，使得各个片区均拥有这种类型的开放空间。

（2）景观丰富：由于公园内部的主要要素为自然要素，所以其景观环境是设计的重点。景观要素通常包括地形、植物和景观建筑。地形包括平地、凹地和凸地，其中，平地是最常见的地形，适合大多数休憩活动，凹地具有一定的围合感，适合形成露天表演的场所，凸地是一种较为活泼的地形，适合布置垂直性质的景观。植物是公园中最生动和最具多样性的景观要素，可以通过搭配形成丰富、具有层次的植物景观。景观建筑在公园中的占地面积较小，但往往可以为公园内部增添别致的空间感受，起到画龙点睛的效果，例如亭子、长廊等等。

（3）生态效益：公园的生态功能是其对城市的主要贡献之一，故在设计时应尽量保证其具有生态效益。通常情况下，设计时会利用城市原有的绿化与地貌，当地的植被应优先考虑，选择适应当地气候和土质的乡土种类。

案例1：纽约中央公园

纽约中央公园位于美国纽约曼哈顿东区，其东西向纵贯 50 个街区，南北横跨三个街区，占地 344hm^2，是世界上最大的人造自然景观之一。1858 年，景观建筑学的创始人奥姆斯特德（Oimsted）和沃克斯（Vaux）共同合作设计，历时 15 年，于 1873 年建成。

当时基于对曼哈顿这座城市未来发展的考虑，设计师们认为未来的公园应该要适应城市建筑加速蔓延的趋势，且需要满足未来城市居民们可以享受绿色生态的大自然环境和乡村田园气息的需要，于是规划了面积很大的公园。

纽约中央公园的整体规划采用了自然式布局，处于园内的道路可被划分成五类，分别是：穿越公园的主要道路、公园内部使用的通道、步行道、骑马的道路和自行车道。这五类道路相互独立但彼此联系，各成一套系统。例如，穿过公园的主要道路与公园周边的城市干路会进行道路的立体交叉连接处理，可使园内外交通便利，公园不会对城市造成交通方面的阻碍，而其他的园内道路采用了回游式的组织方式，使其对城市交通不造成干扰。此外，在解决了公园对城市可能造成的不便外，园内还制造了十分丰富的自然景观，例如大尺度的草坪、湖泊、溪流、林地和山岩等，同时还建设了各式各样的体育设施和游乐设施。由于公园占地面积很大，人们在公园中几乎不会感受到自己身处城市之中。但同时我们也应该注意到，中央公园在为人们提供大面积自然环境的同时，也是由此导致了该公园里的犯罪率较高。如何平衡好一个因素所带来的积极与消极的影响，这是城市开放空间设计中值得考虑的问题（图 3-64、图 3-65）。

图 3-64　纽约中央公园鸟瞰图

图 3-65　纽约中央公园

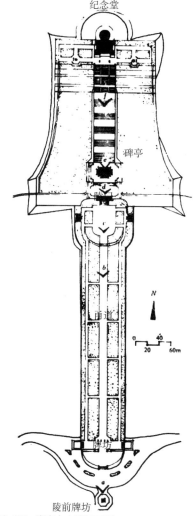

图 3-66　南京中山陵平面图

案例 2：南京中山陵

中山陵位于南京市玄武区的钟山风景区内，是孙中山先生的陵墓，于 1929 建成，由吕彦直先生设计并主持建造。

中山陵的总平面呈现出一个钟形的状态，巧妙地顺应山势，利用地形。其中设计了具有节奏感的空间序列，既有空间开敞与围合的对比，也有刚柔与松紧的处理。半圆形的陵前广场作为整个陵墓的序幕，为低矮的三层半圆形平台，入口牌坊成为这个空间的焦点。从牌坊到陵门的一路上设置了绿带，创造了静谧、庄重的气氛。陵门前广场依旧是一个半圆形的空间，在这里人们可以向南回看刚刚经过的绿色长廊，也可以向北观赏纪念堂的全景。接下来从陵门到纪念堂则是中山陵空间序列中的主题，进入陵门后为一个小空间，这时人们的注意力将集中于前方的碑亭，再前方壮观的景象也会突然地呈现，而祭堂则出现在大台阶终端。祭堂的实际尺度并不大，但通过设计者对空间序列进行了静心的把控后，其显得更加气势恢宏。

这种设计既继承了我国传统陵墓的建造方式，又汲取了当时西方建筑的设计手法，是中国近现代建筑史上最具有代表性的陵墓之一。可见无论是对于城市的局部还是整体的设计，在满足其内部功能需求外，还需要对空间序列进行一定的细致设计和塑造（图 3-66~ 图 3-68）。

图 3-67　南京中山陵鸟瞰图

图 3-68　南京中山陵

4．大学校园

大学校园的空间设计随着社会发展而逐步兴起，其作为培养人才的基地，首要任务是给予学生一个安全舒适的环境，满足功能、流线等要求，营造优良的学习和生活氛围。在条件允许的情况下，大学校园的空间设计还可以考虑与城市空间相联系，增进大学与社会之间的合作。

因此，大学校园的空间设计应该注意以下几个要点：

（1）人性化：在以人的行为活动和人的需要的基础上，强调功能分区和交通流线的设计。在功能分区上，既要将各类不同功能的区域划分明确，又要分配好各个区域之间的距离；在交通流线上，应该根据实地情况规划路网，在校园内进行适度的人车分离。

（2）生态化：大学校园的环境作为整个城市生态系统的一部分，应该尽量维持原有环境的生态性，通过校园建设对其进行改善，综合运用水体、绿化、广场等景观元素，将人与自然有机融合，形成校园内部良好的自然环境。

（3）社会化：随着时代发展，大学校园与社会之间的联系越来越紧密。大学作为传授先进知识的场所，部分公共性较强的设施应该适度面向社会开放，例如图书馆、体育馆等。

案例1：弗吉尼亚大学

托马斯·杰弗逊（Thomas Jefferson）不仅是美国总统，也是著名的教育家和建筑师，他所设计的弗吉尼亚大学完美地体现了其所倡导的学术村（Academic Village）概念[16]。这种模式是高等学校的规划设计史上的创举，造就了开敞而富有层次的校园景观，使得每个师生都可以最直接的方式拥抱大自然。随着大学规模的扩大和功能走向复合，大学里的建筑越来越多，总体布局也趋于复杂，沿轴线关系的平面组织开始出现，完美地解决了复杂功能组织和最大限度拥抱自然地矛盾。

弗吉尼亚大学的马蹄形布局（MALL）就是当时具有划时代意义的案例。一栋栋教授住宅（Pavilion）及其配套的教室所构成的房子围绕着一个中心大草坪呈马蹄形排布，沿着纵向轴线严谨对称，端头是图书馆，形成了校园中最重要的中心开放空间，房子之间用连廊连接。这一区域外部是次级的开放空间，再外围是更多的学生教室，这种模式不仅较好地诠释了老师和学生之间的密切关系，也使各栋建筑都可以最大限度地获得良好的采光通风和自然景观，对于后来美国大学城的规划设计有着重要的影响。在平面上，这种建筑和场地有机复合的布局模式还可以沿纵横两轴方向不断扩展，容纳更多的建筑和功能，形成丰富有序的校园形态。在建筑造型上，杰弗逊采用古罗马的建筑风格，与马蹄形的建筑空间相结合，塑造出神圣的学术圣殿的氛围，体现美国精神的永恒[17]。这种造型方式对于后续美国

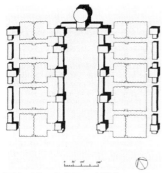

图 3-69　弗吉尼亚大学总平面图　　图 3-70　弗吉尼亚大学

大学校园的建筑风格也产生了广泛的影响（图 3-69、图 3-70）。

案例 2：东南大学四牌楼校区

东南大学四牌楼校区位于南京市玄武区，是原国立中央大学的旧址，校园中主要的建筑群大多为民国时期建成，因其卓越的历史文化价值而入选中国文物学会、中国建筑学会在北京联合公布的"首批中国 20 世纪建筑遗产名录"。

校园中主要的建筑群以南大门至大礼堂的中央大道为中轴线，整体布局较为对称，中央大道两边种植着法国梧桐，建筑群与周边的环境场地一起营造了东南大学四牌楼校区治学严谨的学术氛围。这些民国时期的建筑各有特征，布局方式也不尽相同，目前大部分依旧是学生上课学习的场所，构成了东南大学四牌楼校区的教学区。建筑大多为西方古典建筑风格，内部却具有现代建筑空间的特点，可以满足校园的日常需求。例如东南大学大礼堂，其由英国公和洋行设计，建于 1930 年，占地面积 2 026m²，建筑面积 4 320m²。其一层作为大礼堂的主要出入口，二、三层立面上使用了 4 根爱奥尼柱式。大礼堂的扩建部分由著名建筑学家杨廷宝先生设计，这部分建筑物占地面积 848m²，建筑面积 2 544m²。而东南大学四牌楼校区的生活区则相对松散地分布在教学区的四周，与周边的城市密切相连（图 3-71~ 图 3-73）。

图 3-71　东南大学四牌楼校区鸟瞰图

图 3-72　东南大学四牌楼校区中轴线　　图 3-73　东南大学四牌楼校区大礼堂

图 3-74   清华大学鸟瞰图

案例 3：清华大学

清华大学位于北京市海淀区，经历了 1914 年第一次校园规划和 1930 年第二次校园规划，而后整体的校园布局基本确定下来。

清华大学校园内的主要交通干道呈十字形布局，其他支路都从此展开。其中以学堂路为校园内重要的轴线将整个校园分为东西两个区域，东区以主楼为中心，西区则以大礼堂为中心。

校园内部的重要建筑物有清华大学图书馆，其由新馆和老馆两部分组成，建设时间跨度长达 75 年，一期由美国著名建筑师墨菲设计，二期在杨廷宝先生的主持下建成，三期由关肇邺院士设计。还有清华大学大礼堂，其与老图书馆、西体育馆和科学馆，并称清华的"四大建筑"，大礼堂建筑面积 1 840m²，高 44m。其具有意大利文艺复兴时期的艺术风格，具有罗马风格的穹隆主体和爱奥尼克柱式门廊。这些建筑与周边环境一起构成了清华大学自强不息、厚德载物的历史底蕴与氛围（图 3-74~ 图 3-76）。

图 3-75   清华大学图书馆

图 3-76   清华大学大礼堂

5．滨水空间

滨水空间是近年来在城市设计中较为热门的话题。由于滨水空间自身的属性，例如线性特征等，在进行设计时需要强调整体性，在此基础上各个部分进行有针对性的设计和开发。

在进行滨水空间设计时，除了注重和运用滨水区域含有水体这一特殊的因素外，还应该满足这类空间的基础功能，例如休闲、景观功能等。此外，由于滨水区通常具有悠久的水运历史，如何通过滨水区的设计体现当地传统文化及历史风貌也是设计时需要关注的问题。

因此，在进行滨水空间设计时应该注意以下几个要点：

（1）空间的整体性：滨水空间是城市整体中的一个有机部分，在功能、交通、公共活动等方面需与城市整体协调适应，关注滨水空间与城市腹地的连接关系。将滨水空间与人们的活动有机结合，创造贯穿城市整体的纽带。

（2）因地制宜，生态优先：由于社会、经济等因素的不同，国内外滨水空间的发展存在显著的差异，因此不能照搬国外的开发建设模式，应该根据当地的实际情况进行规划和设计，确保自然环境与人工环境之间的平衡，使得滨水空间在满足使用者的需求外，充分地发挥生态功能。

（3）动态渐进，资源共享：滨水空间的建设往往周期长、规模大，因此需要考虑弹性的规划设计方案，充分考虑建设的可操作性。在营造环境的同时，从社会公正的角度出发，让全体市民得以共享优美的滨水景色，同时也能获取一定的经济效益。

案例 1：上海外滩公共景观改造设计

上海十六铺码头，位于上海市黄浦区，一般是指黄浦区东南部黄浦江与中华路、人民路之间的区域，是上海外滩中最知名的码头之一，也是上海的水上门户，拥有 150 年历史，见证了上海的各种重要时刻，同时承载着很多关于上海的历史记忆。

图 3-77　上海十六铺码头鸟瞰图

十六铺码头地处的上海外滩是上海市的中心地带，其是上海最具有代表性、最重要的城市公共空间之一。由于十六铺码头地处如此特殊的环境，其在近期的改造中，突破了昔日单调的码头形象，被改造成为一个具有标志性的城市景观。而在功能方面，除了原先作为黄浦江水上旅游中心这个主要的角色外，如今的十六铺码头还拥有滨江绿地、大型商业地带和大型停车库等，具有丰富的功能（图 3-77~ 图 3-79）。

图 3-78　上海十六铺码头　　图 3-79　上海十六铺码头

案例 2：芝加哥滨河空间规划设计

芝加哥河是一条贯穿芝加哥市区，长约 183km 的河流，这条河因其在工程方面的做法而闻名。芝加哥河最早是一条沼泽，后来被改造成为工业化服务的工程河道，随后为了改善环境将水流方向倒转。之后，建筑师丹尼尔·伯纳姆提出了滨河步道与瓦克道高架桥的愿景。在近十几年中，芝加哥河重拾城市生态与休闲空间的功能，焕发出勃勃生机。

芝加哥滨河步道的设计始于 2012 年，由 Sasaki、罗斯巴尼建筑事务所和阿尔弗雷德本纳什工程公司在先前对芝加哥河流研究的基础上，提出了芝加哥滨河空间概念规划以及城市步行系统设计方案。

在这个项目中，设计了独立的滨河步道系统，让市民更加贴近水景，提升城市滨水空间的活力，为市民提供连续的步行感受；同时也设计了多种街区形态，例如码头广场、小河湾、河滨剧院等。不同类型的滨水空间具有不同的功能和形态，为市民提供了多样的空间体验（图 3-80~图 3-83）。

图 3-80　历史上的芝加哥河

图 3-81　今天的芝加哥河

图 3-82　芝加哥滨河（一）

图 3-83　芝加哥滨河（二）

课后思考题

1. 请选择任一类型的场所，对在某个城市中这种类型的场所进行比较和分析，并对其未来的可能的变化进行探讨，以图文并茂的方式表达。

2. 选取一处最令你印象深刻的场所，对其展开实地调研与分析，研究和归纳其设计方法。采用的研究方法不限于文献阅读、问卷调查等，同时鼓励新方法的引入，以图文并茂的方式表达。

参考文献

[1]（挪威）诺伯舒兹. 场所精神：迈向建筑现象学 [M]. 施植明，译. 武汉：华中科技大学出版社，2010：16.

[2]（英）伊恩·伦诺克斯·麦克哈格. 设计结合自然 [M]. 芮经纬，译. 北京：中国建筑工业出版社，1992：249-264.

[3] 夏祖华，黄伟康. 城市空间设计 [M]. 南京：东南大学出版社，1992：105.

[4] （美）克莱尔·库珀·马库斯，卡罗琳·弗朗西斯. 人性场所：城市开放空间设计导则 [M]. 俞孔坚，等，译. 北京：中国建筑工业出版社，2001：65–68.

[5] 王珂，夏健，杨新海. 城市广场设计 [M]. 南京：东南大学出版社，2000：2.

[6] 同 [4].

[7] 王建国. 城市设计（第二版）[M]. 南京：东南大学出版社，2004.

[8] 徐小东，王建国. 绿色城市设计（第二版）[M]. 南京：东南大学出版社，2018.

[9] 徐雷. 城市设计 [M]. 武汉：华中科技大学出版社，2008.

[10] 同 [8].

[11] A.Enis, H.AlWaer, S.Bandyopadhyay. Site and Composition: Design Strategies in Architecture and Urbanism. Landon: Routledge，2016.

[12] （日）芦原义信. 街道的美学 [M]. 尹培桐，译. 南京：江苏凤凰科学技术出版社，2017.

[13] 同 [19].

[14] （加）简·雅各布斯. 美国大城市的死与生 [M]. 金衡山，译. 南京：译林出版社，2005.

[15] 同 [3].

[16] 虞刚. 建立"学术村"——探析美国弗吉尼亚大学校园的规划和设计 [J]. 建筑与文化，2017（6）：156–158.

[17] 同 [16].

第 4 章
方法

本章要点：

- 本章将城市设计归纳为四个部分，即调研分析、立意构思、设计深化、评价反馈。学习者首先要建立这四个部分之间的逻辑关系，厘清每个部分所强调的重点，进而对每个部分细分出的内容进行学习。

- 在调研与分析部分，掌握不同的调研方法并对分析内容进行合理归类，可以更加系统地掌握设计开展的先决条件，更加准确地找到设计需要解决的关键问题。

- 在立意与构思部分，掌握当下城市设计着手的几个主要方向是非常有必要的。因为只有在正确的指引下进行设计构思，才能确立更加合理的设计目标。

- 在设计与深化部分，要把握"结构—布局—空间—场所"的设计流程，建立从宏观到微观、整体到局部的设计层次，合理推进。

- 在评价与反馈阶段，重视反复求证和修改对于方案合理性的重要意义，在设计各阶段做到将公众意见与专业意见相结合，使方案尽可能满足多方面的需求。

本章主要介绍城市设计方法，是指为解决与城市发展相关的各类问题，对城市形体及其三维空间环境进行设计[1]所采用的途径、步骤与手段等。城市设计方法一般包括四方面的内容，亦即：调研分析、立意构思、设计深化和评价反馈。具体而言，就是从调研与分析问题入手，逐步提出可供选择的城市设计构思，在此基础上进行评价、比选与反馈，最终确定所要选取的方案构思进行深化。这是一个"调研—分析—方案—决策—反馈"的螺旋式发展的过程，可以理解为"在既有的制约条件下，理性地分析客观条件，准确地发现城市设计问题，创造性地提出解决问题的方案，并能运用城市设计的技术手段，提出实现城市设计方案的技术路线和操作技巧"[2]。

4.1　调研与分析

城市设计调研与分析是指人们有计划、有目的地运用一定的手段和方法，对与城市设计相关事宜进行资料收集、整理与分析研究，并做出描述、解释和提出对策的实践认知活动[3]。深入的调研与分析往往受益于使用适宜的调研手段去认识和研究包括气候、地形、地貌、社会、经济、文化等诸多因素在内的城市环境要素。这些活动有助于设计者去全面认识、探究城市物质空间环境的基本特征与内在规律，还能加深他们对市民的态度、意愿等非物质信息的了解。可以认为调研与分析是城市设计顺利进行的基础和保障。

4.1.1　调研与分析程序

城市设计的调研与分析过程大致可分为五个阶段，具体包括准备阶段、调查阶段、资料整理阶段、分析阶段和总结阶段。在准备阶段，尽可能地了解和获取项目所在区域的基本信息，做到心中有数；明确委托方的需求，将现实状况和任务目标加以综合考虑，制定调查研究的总体框架，包括：确定任务目的、调查对象、调查内容、调查方式和分析方法等，提前做好人员、资金和调研设备等方面的准备工作。在调研阶段，设计者应遵循事先制定好的调查思路和计划，客观、科学、系统地收集相关信息，并随时记录准备阶段未能周全考虑但对后期设计有参考价值的资料。在资料整理阶段，设计者针对调研资料进行梳理、分析、统计和查漏补缺，以便在分析阶段结合一系列定性和定量的分析技术，从而揭示现象本质和发展规律；在上述基础上进行归纳总结，明确下一阶段城市设计的总体目标。

4.1.2　调研内容与方法

　　城市设计调研的内容涵盖场地的物质要素与非物质要素两个方面。物质要素信息除地形、气候、土壤、水文、生物等自然要素外，还包括建筑、交通、基础设施等人工层面的建成环境要素。与此同时，城市中隐藏的场所精神、历史文脉、社会经济信息等也是影响城市设计的重要非物质因素（图4-1）。在城市设计调研过程中，文献调查法、观察法、访谈法和问卷调查法是最常使用的几种调研方法。

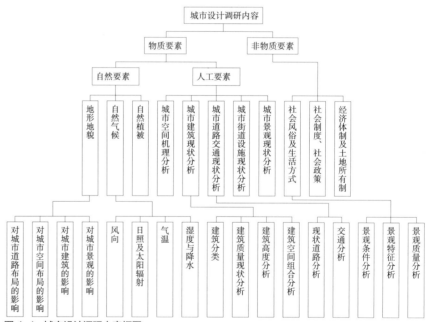

图4-1　城市设计调研内容框图

1. 文献调查法

　　文献调查法是从一定的调查目的出发，搜集与城市设计相关的各种文献资料、摘录有用信息、研究有关内容的方法[4]。对城市设计调查来说，主要文献具体为相关期刊杂志、综述、评述、地方志、年鉴、辞典、上位规划、已建或在建城市及建筑设计成果、政府文件等。此外，更广泛的社会、经济、文化方面的文字、图像、数字、符号、声频、视频等也在检索之列。

在城市设计调研过程中，文献调研往往是需要先行完成的工作。文献调查法主要涵盖文献搜集、信息记录与文献分析三部分内容，其中文献搜集包括文献检索与收集两部分工作，它也是整个调查的前提与基础。在检索时，调查者主要可以时间为序由远及近，采用顺查法；也可按时间由近到远，采用倒查法；或通过已有文献的引文注释、附录参考文献等为线索采用追溯法。在实际操作中，往往将上述方法交叉使用，以提高工作效率。在完成相关文献检索后，再行收集汇总，可以向图书馆、档案馆等机构调取、复印，也可向他人借阅或到相关书店购买，或浏览网络下载……获取文献资料后则可通过"概览—筛选—精读—记录"的一般步骤来摘录有用信息，以便下一步对其展开定性与定量分析。

随着计算机与网络技术的快速发展，城市设计人员进行文献资料搜集的途径越来越丰富、多元和快捷。数字图书馆（如 CNKI 数据库）、网络搜索技术平台（如百度、谷歌）以及基于"3S"技术的地理信息系统等（如水经注软件、谷歌地球）的不断涌现与成长。在这些平台上，调查者可按类型、主题、地点、信息源等多种方式进行文献检索，甚至可以利用平台自带的辅助功能更迅捷、高效地对各种形式的文献资料实现下载、注记以及一定程度的分析。目前，上述系统与平台已日益成为城市设计文献调查的主要来源。

2. 观察法

观察法是根据教学、科研或实践需要，调查者有目的、有计划地在自然状态下，通过耳闻目睹的方式，或借助科学观察工具，实地收集有关价值、行为和社会过程资料的方法[5]。

为了获得对场地的大致印象，便于调查的顺利实施，通常需事先对设计现场的大致情况进行粗略浏览。在此基础上，根据已有资料、研究目的以及对场地的初步印象，在正式踏勘之前制定具体的、针对性的调查项目和记录表格。正式调研一般以两到三人为小组展开，在自然状态下依靠自身感官或辅助观察工具进行踏勘。

观察记录法通常包括观察记录表、观察卡片、调查图示以及拍照摄像等。为了准确高效地进行信息采集，在调查之前一般会制作、打印场地现状地图以辅助观察记录。现状地图在实际调研中能够帮助调查者实现信息与区位的整合，方便资料整理，诸如土地性质、权属划分、建筑状况、绿化分布等信息都可以在地图的相应位置加以标注；那些侧重于空间、场所的信息（如地形地貌、建筑空间形态、人群活动状况等）建议采用绘图、速写等图示方法加以记录，难度较大时，可使用照相机、摄像机等工具加以捕捉与记录。近年来，随着无人机航拍技术的广泛应用，在工作时可将针对微观环境的特写与总体环境的全景鸟瞰相结合，并按时间与行进路线进行记录。

3. 访谈调查法

访谈调查法是指调查人员通过有计划地与调查对象进行口头交谈，以了解有关社会实际情况的一种方法[6]。在访问调查中，可以选择"走出去"，深入到被访者的生活环境中进行访问；也可以选择"请进来"，请被访者到事先安排好的场所进行访谈。访谈对象应尽量涵盖与城市空间使用、规划与管理等直接关联的各种人群，如当地普通市民、外来人员、开发商、运营商和政府官员等。由于被访者的职业、社会阶层及受教育程度的不同，访谈者应适当调节谈话的内容、语气和表达方式等，且要注意访谈过程中被访者的表情与动作，捕捉语言之外的信息。

通过访谈，调查者可以了解诸多城市设计应予以关注的内容：可询问时事、历史；可涉及事实、行为，也可触及观念、感情等。凯文·林奇对波士顿中心区的城市意向调查堪称经典：他和助手通过对市民采取"走出去"和"请进来"相结合的访谈方式，以获取人们对城市空间的总体认知，在调查过程中市民被要求绘制城市认知地图、描述日常行进路线或列举印象深刻的节点、标志等。他们将调查结果与实际情况进行比较，用以总结形成城市意象理论并加以验证。

4. 问卷调查法

问卷调查法是研究者依照标准化程序，将问卷分发给与研究事项有关的人员，然后对问卷回收整理，并进行统计分析，从而得出研究结果的研究方法[7]。城市设计调研中它常被用来了解人们的行为和态度、获取相关社会信息资料。调查者事先需要对问卷调查的要点有一定程度的了解，具体如：设计调研问卷（包括问卷结构、问卷设计的基本要求、问题的设计、答案的设计等），选择调研对象、分发问卷、回收问卷和审查整理，以及统计分析和理论研究等，这里不再赘述。

在调研阶段后期，资料整理是一个重要却又容易被忽视的环节，尽管这是资料保存以及进一步分析研究的基础，但在教学或实践中往往未能给予充分的规范与引导。在此阶段，最重要的原则就是要确保这些资料的真实、完整、准确和简洁。为此，调查者应有系统、有组织地对调查中获得的文本、数字和图像等进行审核、分类、整理与评析，并查漏补缺。

4.1.3 分析内容

在此阶段，调查者以科学的思维方法和知识储备为基础，以一定的逻辑程序为指引，对整理后的资料进行分析比对，透过事物的外在表征来揭示其本质与规律，从而实现由具体的、个体的感官体验到抽象的、普适的理论认识的转化，推动调查研究结论的形成。譬如评价现状的具体情况和特征，究其成因、相关性和相互影响等 [8]。分析是要达成对建成环境的全面认识，它所要处理的对象就是调研所涵盖的物质要素（自然要素、建成环境要素）和非物质要素（社会、文化、政治等）。

1. 自然要素

长期以来，自然环境对城市空间形态起着决定性作用。城市设计时需要考虑的自然因素大致有三类：地形地貌、地域气候和绿化植被。

地形地貌是影响城市空间形态的关键因子，城市的路网结构、空间形态、建筑布局和景观特征等都受其影响。每个城市都有其独特的地形地貌，最妥善的做法就是因地制宜，顺应自然：尽可能准确分析和把握地形地貌特征，城市结构形态与建筑布局力求依山就势，避免大的开挖与回填；最大限度地利用山水形胜和自然禀赋，并使其成为城市空间的有机组成。江苏常熟以"七溪流水皆通海，十里青山半入城"闻名，亦是其山、水、城为一体的城市格局的生动写照。

城市所在区域的日照、温度、湿度、风和降雨量等构成的生物气候条件也是城市设计时需要重点关注的自然要素，对城市格局、建筑布局、朝向、色彩等产生直接影响 [9]。以干热地区城市为例，通常呈现出高密度、紧凑式的结构形态，这样的设计模式可以使建筑物之间产生更多阴影，从而能有效降低太阳辐射导致的升温效应 [10]。

绿化植被在城市设计中的作用也不容忽视。加拿大红枫、荷兰郁金香等都已成为当地重要的景观标志，乃至整个国家的象征；绿化植被也能展现一个城市的历史文化底蕴，如南京主城区众多栽植于 20 世纪早期的法桐早已成为无数市民内心的城市象征，仿佛在默默倾诉着这座城市的漫漫征程。同时，绿化植被的光合作用亦可以提供氧气，其枝叶可在炎炎夏日为路人提供遮阳与绿荫，起到微气候调节作用；在景观布局中，绿化植被还常被用来划分空间、围合空间、遮挡视线或屏蔽噪声等。

2. 建成环境要素

多数情况下，城市设计需要解决建成环境中存在的诸多问题。因此，针对城市环境的现状分析显得尤为重要，主要包含城市肌理、建筑性状、道路交通、街道设施和城市景观等内容。

城市肌理是指城市构成要素在空间上的结合形式，它反映了构成城市空间要素之间的联系与变化。城市肌理的构成要素主要包括城市路网、用地与建筑等。通常，当需要对城市空间的历史、功能以及不同地块的差异性做出判断时，就有必要对城市肌理进行分析，因为这能加深设计者对城市空间形态、特征及其密度的理解（图 4-2）。

建筑性状分析主要包括建筑类型、质量、高度以及建筑空间组合关系等内容，可依据功能、风格、结构等方式对其进行分类。建筑功能分类有

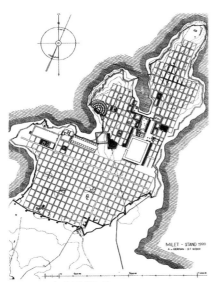

图 4-2　米利都城肌理

助于人们更清楚地认识建筑的使用状况、效益及其与环境的关系，也利于人们了解城市用地功能及与其他各类用地的关系[11]。研究建筑风格及成因，凝练城市空间形态特征，促使设计根植于地方文化，体现本土特色，对历史风貌的保护与更新有着积极意义[11]。建筑质量分析可从建造年代、建筑结构和构造质量等出发，通过分析，明确哪些建筑需要拆除，哪些应予以保留，保留建筑如何修缮等[11]。建筑高度很大程度上影响一定区域的空间状况，相关建筑空间尺度与城市空间尺度的推敲都离不开对建筑高度的分析。同时，建筑高度也是城市景观设计时需要考虑的重要内容，对景观视线、视觉通廊以及城市天际线等影响显著（图 4-3）。

图 4-3　芝加哥沿湖景观

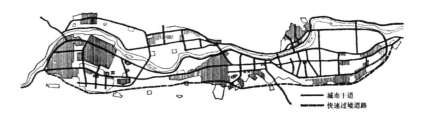

图 4-4　场地交通分析图

　　建筑空间组合分析包括建筑与用地、建筑与建筑间的相互关系，如轴线关系、围合关系及排列布局等。为了确定最佳建筑密度与空间形态，往往需从分析建筑组群空间的历史演化入手，归纳出不同时间段的建筑密度与空间形态作为设计依据。

　　道路交通分析通常分为道路分析与交通分析，两者相互影响。道路分析包括动态交通载体与静态交通载体两类。动态交通载体是道路，可就其结构、布局、密度、等级、断面形式等展开分析；静态交通载体是指各类停车场、停车楼（库）等设施，其布局、规模以及其与道路、大型建筑和交通换乘点的关系都是可切入分析的视角[11]。道路与交通需求的契合程度以及城市空间的状态、品质等信息均能从道路分析中获取。交通分析包括交通类型、流量和来源等内容。分析交通类型及其相互关系，考察不同交通对城市用地及建筑布局、城市公共空间的影响，是交通设施类型、交通规划和交通管制综合考量的依据[11]。交通流量往往是确定道路形式、等级以及公共空间、商业设施布局的重要参考；交通来源通常会影响到城市各用地地块开口以及建筑布局（图 4-4）。

街道设施需要分析的内容十分丰富，包括照明设施、消防设施、休憩设施、绿化设施以及指示牌、广告牌、小品雕塑等。街道设施是城市空间的重要构成要素之一，很多城市都将其用来提升空间品质。如在意大利的城市公共空间中，既有像室内地毯一般美丽的广场铺地图案，又有精致如摆设在神龛里的艺术品[12]。

景观是自然与人类社会发展过程在土地上的烙印，是人与自然、人与人的关系以及人类理想与追求在大地上的投影[13]。城市景观分析主要涵盖景观条件、特征与质量等，分析的对象包括建筑、街道设施、自然景观以及历史遗迹等。在景观条件分析时，设计者需对分析对象进行调查、清册分类，标注空间位置，确定其能否成为潜在的景观资源；在景观特征提炼时设计者可以从形态、尺度及色彩等展开分析；而在景观质量分析时，重点是对景观质量进行分级分类评价，尤其要注意影响景观质量的负面因素（图 4-5）。

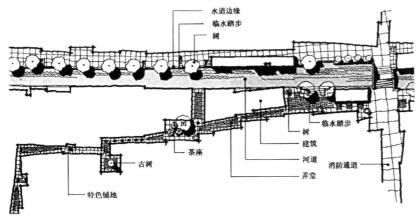

图 4-5　苏州某传统地段的景观研究分析

3. 非物质要素

非物质要素包括社会习俗、社会制度及政策、经济体制、土地所有制和城市产业结构等，它们是影响城市空间形态塑造的"无形的手"。

每个地方都会沿袭不同的社会习俗活动，需要相应类型的活动空间与之匹配，由此形成了的地域特征。秦淮灯会是流传于南京地区的民俗活动，每年到元宵节期间，大量人群涌入灯会现场，在此扎灯、张灯、赏灯、玩灯与闹灯；同时，各种各样的商业行为亦被激活，时间久了就逐渐形成能满足各种活动仪式的步行街道与活动广场。

社会制度及政策对城市空间形态亦会产生一定影响。第一，带来城市土地分配和开发模式的不同，影响用地布局。如在改革开放政策的推动下，深圳由原先以捕鱼、海运、盐业为主的县城，在短短数十年内快速发展成一座现代化的大都市。第二，拓宽道路、建设公园、完善市政设施等举措，一举奠定了巴黎全新的城市格局（图 4-6）。第三，可影响人们对待建筑的态度和选择，进而影响到城市形态和肌理的演变。如在封建礼制下，不同府邸都要遵循严格的等级、模数制度，人们对高等级的建筑往往心怀畏惧而不敢僭越。

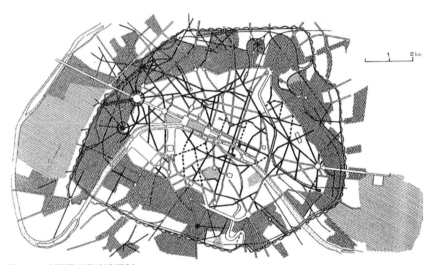

图 4-6　奥斯曼巴黎改造规划

多数情况下，城市设计需要解决建成环境中存在的诸多问题。因此，针对城市环境的现状分析显得尤为重要，主要包含城市肌理、建筑性状、道路交通、街道设施和城市景观等内容。

经济体制、土地所有制对城市空间形态的影响亦很大。在我国计划经济时期，因经济水平较低、生产资料公有，强调均好、实用，在住宅规划设计与建设层面表现出造型、户型等千篇一律的现象。此外，科学技术、工程技术的发展也会对城市形态产生直接影响。

针对上述单一要素的分析作用有限，为了获得对城市设计更有效的评判信息，设计者往往需要对多个要素进行总体分析与综合判断，其中职能分析和空间形态分析尤为重要。职能分析主要考察各项用地的使用状况与交通系统的联系，以及这种状况与需求之间的矛盾；空间形态分析则涉及图底分析、视觉序列分析、认知意象分析、类型学分析以及空间注记分析等一系列分析技术。空间形态分析提供了设计所必需的历时性形态积淀的背景资源，它为城市文脉承续提供了重要基础 [14]。

4.1.4 分析方法与目标

1. 分析方法

有关调研资料的分析可以分为统计分析和理论分析两类。统计分析法是调查者以描述和推断总体为目标，运用统计学原理和方法处理资料，解释变量之间的统计学关系。理论分析中调查者运用科学思路和方法，遵循逻辑秩序，对整理和统计后的资料"去粗取精，去伪证实，由感及理，由表入里"[4]。其中，统计分析法有单变量统计分析、双变量统计分析和多变量统计分析三种；理论分析法主要有比较法、分类法、分析法、综合法，以及矛盾分析法、系统分析法、因果关系分析法和功能结构分析法等若干种[4]（图 4-7）。

图 4-7 城市设计调研资料分析方法框图

在众多分析方法中，比较法最为基本也最为常用。运用比较法时，分析者首先应对研究对象进行对比，并在对比中总结其共性和差别，以揭示其相互联系和区别的本质特征。任何事物都可以进行对比，但为了使对比分析意义最大化，需要谨慎选择分析的对象和视角，建立合适的比较标准，选取适宜的比较方法，如横向比较、纵向比较、类型比较、数量比较、质量比较、内容比较、结构比较及功能比较等[4]。在城市设计时最常用的是横向和纵向比较法。横向比较法是用统一准则对同一时间不同客体进行比较，如国内外校园在城市中的区位就属于横向比较。纵向比较则是对同一认识对象不同时期特性的比较，如不同朝代商业区在城市中的区位布局就属于纵向比较[4]。

随着城市设计内涵与外延的不断拓展，传统的定性分析与简单的定量分析越来越难以满足现实需求。为了应对此发展趋势，类似线性规划法、频率分布法、排列法、多项目综合评价模型法等技术逐渐被引介到城市设计调研分析中来。这主要受益于城市设计学科自身的不断完善，以及数学、统计学、心理学等交叉学科发展的引领。随着分析技术的发展，面对城市这一"典型的开放的复杂巨系统"[15]，人们不再束手无策。数字技术的迅猛发展推动分析技术的不断进步，方兴未艾的人工智能、机器学习、增强学习等技术，已经实现了对人类思维的部分替代甚至超越，在部分领域甚至能达到人类难以企及的分析效果：可以针对全尺度的设计对象，贯彻到针对城市形态的整体考量；从而带来革命性的城市空间认知与思考方式；亦可通过人机互动的设计过程，提升规划成果的实施性[16]。

当代城市设计调研分析的方法日益丰富，城市设计初学者也应不断尝试，力求了解和熟练掌握多种主流的前沿分析技术，并在城市设计过程中加以综合运用。

2. 目标构建

调研分析是城市设计目标设定的基础。由于城市设计的分析要素较为宽泛，各种因素交织在一起又非常复杂，因此在城市设计前期分析时应注意抓住影响城市空间布局的主导因素，明确拟达到的主要目标。在目标构建时应关注以下几方面内容：

对城市空间进行分层次分析，避免胡子眉毛一把抓。这是因为对城市空间起主导作用的影响因素往往会随着空间层级的改变而不同。

同一层级的城市空间的影响因素往往不止一个，在实际操作中要具体问题具体分析，要发现主导因素，抓住主要矛盾，唯有如此，所确立的设计目标才具针对性和可行性。

非物质层面的因素也不应被忽略，虽然无形，却如树之根，水之源，对城市空间有着非同一般的影响，是目标构建过程中在地性与可实施性的重要基础与保障。

不过，在很多时候，人们发现在调研分析阶段通常不太容易抓住关键问题，从而导致难以提出清晰的目标。其实这些都不足为奇，因为大多数问题和目标都是在方案的不断提出与比较中逐渐明晰与定义的。

4.2　立意与构思

4.2.1　立意

立意即主题思想的确立，它是创作的灵魂[14]。立意可以指引城市设计创作的总体方向，是设计对象特色形成的源泉，对城市设计方案的成败起着至关重要的作用；同时，也是优质环境构建和可持续发展保证的基础[17]。立意的过程即是在进行现状分析、明晰发展定位的基础上确认设计目标的过程[14]。这是一个复杂的分析和决策过程，需要从设计对象的诸多现状问题中抽丝剥茧，剥离出最主要的问题与矛盾，并运用创造性思维进一步凝练并提出城市设计的概念、确立城市设计的总体目标[17]。

建立城市设计目标通常可以从以下三方面入手：首先，分析区域功能行为，判断功能定位，这是设计目标的重要组成部分；其次，寻找环境资源特征，确定主题概念，这是充分发挥设计对象特色的主要手段；最后，对城市发展趋势进行前瞻，追踪城市发展前沿，促使城市设计目标能够适应城市的动态发展过程。

1. 判断区域功能定位

立意首先是以所研究区域的功能定位为依据，城市由不同的功能片区组成，包括居住区、商业区、工业区、行政中心区、中央商务区、历史保护区以及休闲旅游区等。我们需要将功能定位置于城市整体发展脉络之中加以研究，以了解区域与相邻地段、区域与城市整体之间的功能互动机制，才能给出设计区段适宜的功能定位[14]。它可能是单一功能，也可能是复合功能[17]。

确定区域的功能定位可以通过"自上而下"和"自下而上"两种途径完成。其一，应"自上而下"对上位规划进行解读。在上位规划的制定过程中往往已对城市整体区域之间的功能机制进行了考虑并提出了相应定位，该定位往往有政策支撑，也是值得参考的重要依据；其二，要"自下而上"对区域条件进一步展开调研与分析，并综合考虑区域内生功能与外生功能需求，提出合理的发展定位。

2. 确定特色主题概念

在调研阶段，通常会要求城市设计人员对研究区域的基础资料进行全方位的收集，包括自然环境、道路交通、建筑设施、历史人文、社会经济及产业结构等，可统称为环境资源。设计者可以对其进行逻辑分析，并运用创造性思维探究适宜的主题概念和设计目标。在分析过程中，尽可能对区域资源禀赋加以了解，同时也会发现存在的问题与矛盾。

资源优势的合理激发有利于创作的积极展开。例如在物质资源层面，可以利用山体林地、河流湖泊等自然资源发展生态旅游；可以通过对历史文化资源的保护利用，推进地区经济、文化活力的发展与提升，并使其成为城市区域的景观标志；地铁站枢纽等交通资源也能够成为优势资源，设计时可充分加以利用，采取功能复合的紧凑发展方式，促进地下空间的合理开发使用，并在地面组织适宜交往的步行系统。

在非物质资源层面，可以利用历史人文、民俗活动等文化资源，打造文化品牌，彰显城市文化。此外，还可以从城市事件中提炼出不同主题，并以此作为创作的动力和契机[18]。其中，既包括显性的主题事件，如政府主导的奥运会、博览会等活动的举办，经济、产业、文化等方面相关政策的实施等；也包括城市发展中潜在的隐性主题事件，

图4-8　美国巴尔的摩内港改造

可从众多平凡的城市生活或城市活动中加以提炼。美国城市设计理论家威廉·莱特（William H. Whyte）曾对纽约城市广场的午时使用情况进行长期观察，归纳出市民的日常活动规律，并从中发现广场存在的问题，进而提出针对城市广场改造的设计导则，其中广场上人的活动规律是设计的重要主题[18]。

城市存在资源优势的同时，也存在诸多问题与矛盾。曾经的优势资源，随着发展阶段的变化会转化为新的问题与矛盾；问题与矛盾也可以通过克服的方式成为创作的源泉。例如，面对过高的河流堤坝、穿越城区的铁路等问题，可以通过建构立体空间结构加以解决，进而形成独特的城市形态[17]。又如，奥运会、亚运会等活动在赛事举办时期能够为城市带来活力和机遇，但在赛后易出现活力下降、产生消极空间、场馆运营维护费用高昂等问题，如何解决这些问题与矛盾也可以成为城市设计创作的新机遇。

3．转变城市发展理念

不同国家的城市化进程不尽相同，城市化水平的差异对城市发展有着很大影响。随着所处城市化阶段发生变化，城市的建设模式、发展理念也会随之变化，势必影响到城市未来发展理念的转变。

2018年我国城市化水平已接近60%，与西方发达国家的城市化水平相比仍有一定差距，但也进入了城市化较高水平的发展阶段。"他山之石，可以攻玉"，西方国家的城市化发展模式依然值得我们参考与借鉴，但在此过程中需与时俱进，将当今世界城市发展趋势与我国具体国情相结合，努力实现以下发展理念：追求城市与自然和谐共生，坚持可持续发展，建设生态城市；坚持城市发展"以人为本"，打造人性化城市；不断提升城市竞争力，发展活力化城市[17]。对先进城市发展理念的了解和运用，有利于丰富城市设计立意的内涵，启发城市设计者的创造性思维。

总之，立意是城市设计创作的关键，为接下来的设计操作厘定了亟待解决问题的关键核心与终极目标，具有战略意义和方向性[19]。立意优秀的城市设计项目能够为城市带来巨大收益。如美国巴尔的摩内港（图4-8），原本已沦为废弃的工业港口，设计者依托其悠久的人文历史资源、优越的自然资源以及区位优势，做出大胆策划，确定了将原本的工业和居民区转变为旅游、文化、休闲与商业观光区的改造目标。在此目标下进行开发建设，兴建和改建滨水建筑，打造多样化功能场所；开放岸线，美化环境，促进休闲观光活动。原本衰败的老城环境逐步得以改善，促进了产业更新，吸引了大量游客，城市形象和经济活力也得到极大提升[20]。

4.2.2　构思

构思是由立意蜕化而来，将城市设计目标转化为设计结构的重要一步，又称概念设计[14]。设计目标是抽象概念，需要通过构思将其转化为具象形态。因此，构思是实现城市设计目标的形态表现策略[17]。构思过程是建立实现城市设计目标的方式构架，提出相应策略，并在城市设计形态中得以体现的过程，也为进一步的方案深化提供基础框架。构思的方法可以分为两个层次：其一，提出策略，将城市设计总体设计目标进行分解，并划分为更具体的目标。这些具体目标与设计对象在各个方面需要解决的问题矛盾和能够发挥的资源优势是相互对应的。再进一步针对这些具体目标提出相应的实现策略。其二，将抽象策略初步转译成对具象空间形态的操作，表现在设计对象的结构格局、空间形态、功能设施、场所意向、景观环境等多个方面。

在南京大报恩寺遗址公园城市设计当中，设计者充分利用大报恩寺遗址公园的历史资源，以延续历史文脉为主题进行构思，实现城市设计的创作目标。该方案将遗址保护作为设计的首要原则，合理规划遗址公园，弘扬历史文化，提升城市及其周边环境品质，将南京大报恩寺遗址公园整合为南京城市历史资源和文化景观的重要组成部分[21]。方案构思围绕目标理念，提出多项构思策略：在结构格局层面，呼应明代大报恩寺历史格局，尊重场地历史肌理；在空间形态层面，新塔高起呼应琉璃塔旧址成为中枢，中轴线上空间序列层层渐进；在功能设施层面，主张功能的多元化利用，发展禅宗文化休闲主题功能、完善商业服务配套设施功能；在场所意向层面，延续遗址文化价值和环境价值，塑造纯净高洁、脱俗禅意的场所氛围；在景观环境层面，强调城市历史氛围的总体体验，利用、延伸和联结城市现有秦淮水路游线。由此可见，设计者在该方案中提出了多个层面的构思策略（图4-9），有效保证了立意目标的实现。

构思要紧紧围绕设计目标展开，把握全局促进既定目标的实现，既要满足城市发展的基本要求，也要使区域特色得以彰显。因此，在构思过程中，不仅需要高效地解决问题，还需要巧妙地、富有创意地实现区域空间特色的塑造。

在德国汉堡港口的旧城更新项目中（图4-10），岛屿状新城区面临着洪涝隐患，采用传统堤坝会破坏新城亲水性并耗费大量时间与资金，方案最终采取将全区地面抬高超越海平面的方式进行处理，将建筑物地下层作为抵抗洪涝的堤坝。滨水道路、广场、码头仍保持原本地基高度，重要亲水节点"绿肺"罗瑟公园则降低其高度，层层向下延伸至与水面齐平。该方案既保留了港口风情又满足了防汛需求，总体设计构思巧妙，一气呵成。

图 4-9　金陵大报恩寺遗址公园规划设计

图 4-10　德国汉堡港口新城更新

4.2.3　创作性

　　城市设计的创作性很大程度上体现在立意、构思阶段如何确定主题目标、提出实现策略框架以及设计总体空间形态等，这是立意构思需具备的重要特性。创作性通常包含三方面内容："一是指某种观念设想或作品具有新颖鲜见或超前的形式和内涵；二是指这种观念设想和作品应当适应现实、解决问题并巧妙且有效地达成目标；三是对上述观念设想和作品的持续、表现、评价、完善和充分发展。"[14] 富有创作性的立意构思不仅能够充分发挥设计对象的资源优势，巧妙高效地解决城市设计问题，实现城市设计目标，还能提出创新型城市设计形式或概念，为其他城市设计项目提供参考。

城市设计创作虽然建立在对研究对象的客观分析之上，但也不可避免地包含了设计者的主观意识[14]。由于设计者发现和切入问题的视角不同、对问题的理解和价值观不同、积累的知识和情感经验不同，其对各种设计因子的权重取舍与判断也不同，这就使得每个人的设计方案趋于个性化，提出的立意构思自然也会有良莠之分。

作为城市设计的初学者，需要坚持积累理论知识，学习优秀案例，并不断增加实践经验；在掌握科学的调研分析方法的同时增强捕捉问题的能力，提升创造性思维能力。在详细调查和富于想象力的研究分析的基础上，掌握不同的先进设计理念并将其融会贯通，才可能得到富有创造性的成果。

4.3　设计与深化

4.3.1　确定城市结构体系

城市结构是城市设计的核心内容。初学者可在上位规划的基础上，综合分析场地的自然要素、城市空间形态布局特征以及社会、经济、文化状况，展开设计立意与构思活动，初步尝试构建场地的整体结构体系。城市结构是对城市用地、道路系统和开放空间系统等各类空间要素的综合组织，其目的是对城市整体空间体系进行合理布局。

1. 土地使用

城市用地不仅包括高度人工化的建设用地，亦包括仍保持自然状态的自然用地。城市土地使用是指城市土地的用途和功能，如居住、工业、商业、办公、文化、娱乐等。土地使用不仅是城市规划的重要内容，也是城市设计的关键问题之一[22]，其功能布局合理与否，直接影响到城市的开发强度与交通组织等，也关系到城市效率与环境品质[23]（图 4–11）。城市设计初学者在明晰土地使用格局后，需要进一步分析现有街区、道路交通及人群活动特征等内容，依据预先设定的目标，最终确定用地性质、用地强度和用地形态等。合理的土地使用格局能够提高土地利用效率，促进城市保持生机与活力。

在城市设计过程中，主要应重点关注以下三方面内容：

首先，是高效率的土地使用，包括对土地全时段利用，也包含对土

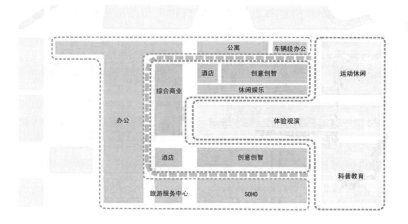

图 4-11　土地使用格局框架图

地的全方位使用。前者可通过混合功能规划来避免时间上的使用"低谷"，后者则通过对用地地上、地面、地下的立体综合开发，通常以建筑综合体的方式来提高土地的使用效率[23]。如伦敦金丝雀码头综合开发项目，主要依赖地下商业、交通，地面公园、景观大道，以及地上办公、住宅等功能的开发建设，通过引入混合功能和高密度开发的方式来推动项目获取巨大成功（图 4-12）。

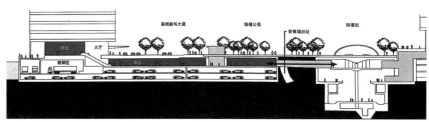

图 4-12　伦敦金丝雀码头

关注自然要素和生态保护。从城市自身角度，对河流、湖泊、山谷、丘陵、海湾、旷野等自然要素予以保留并加以精心组织，将城市设计与基地的自然特征紧密结合，有助于形成显著的城市特色。如中国南京"襟江抱湖，龙踞虎盘"的城市形态（图 4-13）、巴西里约热内卢"面朝大海，群山环抱"的城市格局等都是典型案例。从生态保护角度来看，在城市设计过程中对自然要素的保留和适度利用总体上有利于自然环境的保护。针对不同的气候条件，在城市格局与土地利用方式规划时应因地制宜，采取适宜的气候应对策略。如在湿热地区，应尽量采用分散式结构，尽端开敞以利于通风；在干热地区可采用高密集型、紧凑式的结构形态以抵挡强烈的光热和风沙影响；而寒冷地区的城市则应采用集中紧凑的

图 4-13 襟江抱湖的南京城市与自然环境

城市形态，以利于土地是集中使用，节约能源，同时还应合理规划风道，重视对于街道风的预防 [24]。

基础设施是城市发展的物质支撑，有狭义和广义之分，前者包含市政工程、城市交通、电力通信设备等，后者还包括对外交通、城市服务业、文教事业等 [23]，以及对城市环境影响显著的绿色基础设施，如公园、河流、湿地等。基础设施承载并支撑着城市发展，但由于建设面广、周期长、投入大、改造难等特点，设计者在构思阶段就需全面细致安排好城市基础设施用地。在日本横滨"港口未来 21 世纪"规划建设时，在对狭义的基础设施重点关注外，还充分考虑到城市防灾系统、港口转运系统、垃圾处理系统以及可兼顾防灾集散的开放空间系统等，其中用于防震的紧急用水贮藏系统可满足 50 万人 3 天的饮用水需求（图 4-14）。

图 4-14 横滨 21 世纪未来港区平面图

2．道路系统

道路系统是城市的空间骨架。作为城市交通系统，承载了不同功能的城市用地之间的人与物的流通，影响城市的运行效率。在空间上道路系统划分城市地块，决定了街区尺度和城市形态，也直接影响了城市空间结构。因此，在组织道路系统时，设计者不仅要考虑路网的通行能力，也要关注其对地块结构和城市肌理的影响。在现有街道网络、交通需求分析的基础上，合理规划城市路网密度、道路等级与路网形态等（图 4-15）。

城市路网的基本形式有自由式、方格网和放射型，大部分城市的路网都是由这三种基本形式组合而成（图 4-16、图 4-17）。常见道路结构大致包含级差明显的树形结构、密集均等的网络型结构等。近年来，在大城市中心区还出现了空中、地面、地下多维立体的综合交通体系。

在城市路网规划设计过程中，主要应考虑以下三方面的内容：

首先，道路界定并划分城市地块，对街廓尺度与地块形状产生直接影响。目前，路网设计还存在一些显见的问题：其一，由于现有街区尺度普遍较大，可考虑采用增加城市路网密度的方式，细分街区，以创造

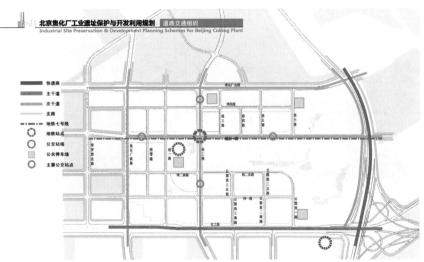

图 4-15　道路系统框架图

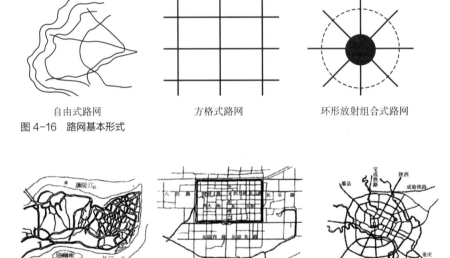

自由式路网　　　方格式路网　　　环形放射组合式路网
图 4-16　路网基本形式

重庆自由式路网　　　西安方格式路网　　　北京环形放射组合式路网
图 4-17　多种城市路网形式

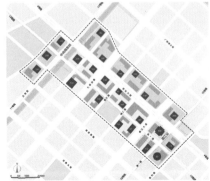

图 4-18　东南大学建筑设计研究院有限公司基于 SOM 的江北新区中心区城市设计方案，完成的新金融中心城市设计深化项目，其中涉及的"小街区"划分

更多的临街面，提升街区商业价值与城市活力。其二，城市路网布置应尽量规则，避免狭长、尖角不规则地块导致的土地利用效率低下。方正整齐的地块适应性强，利于后期开发建设，形成有序的城市肌理。如东南大学建筑设计研究院有限公司在 SOM 完成的南京江北新区中心区城市设计基础上，针对新金融中心所做的城市设计深化方案，采用 100~125m 边长的"小街区"格网，优化建筑布局与道路组织，取得良好效果（图 4-18）。

其次，通行能力是道路系统最重要的功能。在城市设计中，应综合人行、车行特点进行道路系统设计，合理安排路网密度和道路等级，确保对外联系的便捷、快速，内部各功能组团联系的安全、通畅[25]。目前，"小街区，密路网"的路网结构总体呈现密集均布的特点，路网密度大，交叉口密度高，可达性好。此类道路结构没有明确分级，交通容量和可达性相对均好，有利于交通分流与通行（图 4-19）。

与"大尺度，疏路网"相比，细密路网使城市交通流在路网中更加均匀分布，可提供更多的路径选择和疏散机会，路网抗干扰能力亦更强（图 4-20）。如图 4-21 所示，面对相同起止点，"小街区，密路网"能提供更多的道路交叉口，其间距更短，可达性大大增强。

图 4-19　1km² 范围内的城市中心区路网密度对比

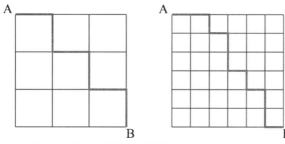

图 4-20　路网密度与路网弹性示意图

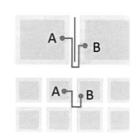

图 4-21　交叉口密度与可达性示意图

城市慢行系统为自行车和行人提供专用通道，能够弥补公共交通空白，缓解交通压力，大幅提高城市生活质量，日益成为道路系统设计的重要内容。在规划设计时，须强调慢行系统的连续性，使之更好地衔接城市生活区与中心区，为市民出行提供自行车道与步行路线。慢行通道可以是现有交通道路上的分隔通道、毗邻街道的小路、公园系统中的步道，或是废弃的高架路、铁轨等[26]。哥本哈根大力推行自行车计划，修缮市中心、市区外围及远郊原有的自行车道，同时建设新型高速自行车道，形成自行车交通网（图 4-22），并使其全部达到安全、快捷、舒适的标准[27]。目前，在哥本哈根选择骑自行车出行的人口已经超过一半。

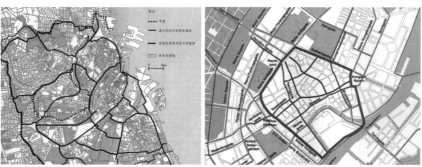

图 4-22　哥本哈根市中心及市域范围自行车交通网络规划

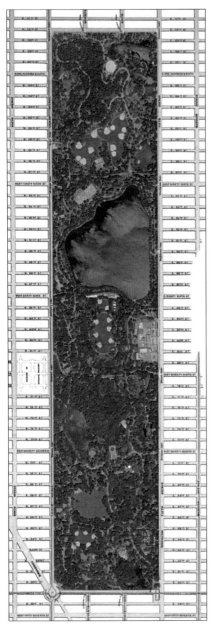

图4-23　纽约曼哈顿中央公园

3. 开放空间与绿地系统

开放空间是指城市的公共外部空间[23]。常见形式主要有公园、广场、绿地、滨水区、风景优美的景观（林荫）大道等，为城市生活提供物质空间环境，人们在此可以进行游憩、观赏、健身、娱乐、庆典、休息与交往等活动[28]。开放空间常用于维系城市自然基底，如湿地、湖泊等，保护城市动植物的多样性；此外，设计良好的城市开放空间还能够塑造地块特色，服务市民，促进城市生活品质的提升[28]（图4-23）。

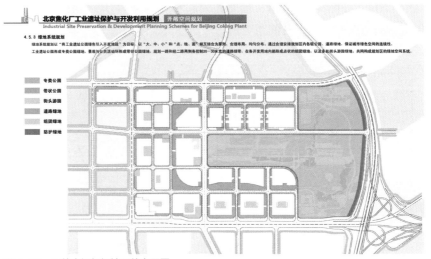

图4-24　开放空间与绿地系统布局图

设计者应依据不同公共空间的性质、内容、规模和环境区位进行规划布局与设计，形成城市公共空间系统[28]（图4-24）。

布局合理的城市开放空间呈现以下特点，也是设计考虑的重点所在：

从结构上看，应尽量减少孤立分布的开放空间，优先建立起连续的开放空间系统。当城市块状开放空间如广场、公园、绿地、风景区等相对分离时，可以通过连续的线性公共空间进行串联嵌合，如城市绿带、蓝带，以及作为开放空间的部分城市街道等，上述开放空间以不同方式有机结合，形成连续整体的城市开放空间系统。道路的首要功能体现为通行能力，然而部分城市街道，如林荫道、生活性街道、步行商业街等，经过设计也可以成为开放空间的组成部分，从而确保城市开放空间体系的完整性，满足居民的日常生活需求。例如，福斯特在中国香港西九龙地块城市设计时，缩减建筑用地，预留出大量的开阔公园用地，建立连续的海滨长廊与林荫大道，全力打造有机整体的城市开放空间系统（图4-25）。

从功能使用来看，应打造多层级的开放空间系统，增加低等级开放

图 4-25　福斯特西九龙文化区城市设计

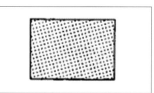

单一的中央公园

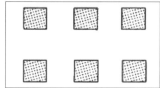

分散的居住区公园

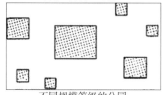

不同规模等级的公园

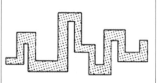

建成区的典型绿道

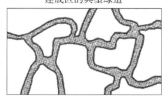

相互连续的公园体系

可提供城市步行空间的绿化网络

图 4-26　开放空间与绿地布局模式图

空间密度，强调步行可达性和使用效率。开放空间布局可参考市民日常使用频率来综合考量其规模及分布特征，每日一去的街头绿地或每周、每月一去的城市级公园都不应偏废（图 4-26）。在居住区可布置一些尺度小、密度高、均布性好的街头绿地、口袋公园，保证居民日常活动有地可去，且在步行可达范围内。在城市景观较好的片区，如大面积水体、山丘、江河等区域，可依托其自然禀赋布置规模较大的城市公园。如成都府南河活水公园、南京玄武湖公园、北京奥林匹克公园等，在为市民提供活动空间的同时，还在一定程度上彰显城市特色，吸引大量的外来游客。

　　从内容来看，应进一步增加开放空间的活动内容，打造多功能开放空间，除提供观赏之用外，还要满足人们休憩和日常使用之需[23]。通常情况下，街道、广场、公园、滨水空间等都能与开放空间和绿地系统兼容与共存。如美国圣安东尼奥，结合分洪暗渠修建的机会展开综合的城市设计，系统整合水利设施、商业街区与滨水景观，最终将单一功能的水利工程打造成为涵盖商业、游览、文化等复合功能的城市休闲街区（图 4-27）。

　　从对外服务来看，城市开放空间的服务对象是全体市民，而非少数人的专属之地，故应确保其开放属性。首先，空间上应尽可能做到开敞，避免围墙、栏杆导致的封闭围合感。其次，可达性上应做到便捷，建立开放空间与社区的良好联系，使市民能方便快捷进入和使用。在美国佛罗里达州的滨海城市 Seaside 小镇，靠近海滨设置城镇中心，并规划两条向心轴线和多条通廊，使得小镇风景通过街道网络让更多的居民受益，促使其全域开放，全民共享（图 4-28）。

4.3.2　调控建筑形态布局

　　城市空间形态是城市总体布局形式和分布密度的综合反映[29]。一般来说，城市形态包含下列基本的物质要素，如地形、地貌、街道、地块

图 4-27　美国圣安东尼奥滨河步道

图 4-29　建筑形态布局管控图

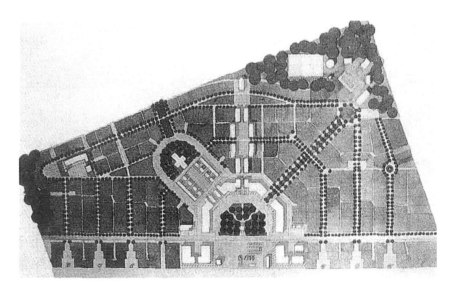

图 4-28　美国佛罗里达州 Seaside 小镇的开放空间与建筑物组织

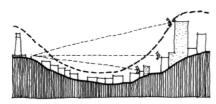

图 4-30　旧金山依据山形主导城市整体轮廓线

图 4-31　旧金山城市依山而建

和建筑物等[30]。在确定城市结构后，城市空间形态的基本"骨架"就已经建立。建筑物作为生长在骨架上"血肉"，是城市空间的决定性因素之一，在城市环境中建筑群体组合的优劣直接影响到人们对城市环境的评价[23]。城市设计初学者无需对建筑物做出具体设计，但需对其体量形态、布局组合乃至风格、色彩等进行引导和管控，建立起系统性的弹性设计导则，具体指引相关城市规划、设计与建设（图 4-29）。

1. 城市整体建筑形态

城市覆盖着大片地表空间，城市建筑经过自然影响与人工组织形成一定的地表轮廓形态，对城市形象影响巨大。在城市形态整体把控时，应关注其形成的自然环境与文脉环境，打造协调统一且具地方特色的城市空间形态。旧金山城市规划与建设非常尊重丘陵地形和港口自然环境，曾制定"山形主导城市轮廓线"的建筑体量设计控制原则：在山麓布置低层建筑物，而在山顶布置高层建筑物，以加强对山势的表现，保证港口景观能向城市内部最大范围渗透（图 4-30、图 4-31）。

2. 建筑体量与体块

建筑设计不应只凸显自我，而应关注与周边环境或街景一起，共同塑造整体环境特色[23]。在建筑体量和形体控制上，应遵循以下原则：保证城市开放空间和绿地有良好日照和视觉感受；历史建筑拥有良好的景观条件，与周边建筑之间关系协调；建筑物之间的文脉关系及空间比例合理；此外，还应保证城市天际线的美观与特色，对城市建筑高度分区域控制[22]（图 4-32）。

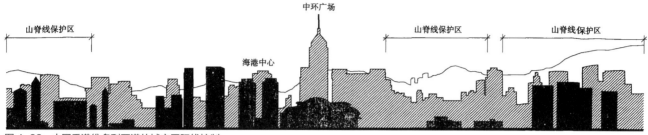

图 4-32 中国香港维多利亚港的城市天际线控制

4.3.3 组织城市公共空间

城市公共空间是居民进行公共交往、举行各种活动的地方，也是城市历史文化延续、精神面貌展示的重要场所。在组织城市公共空间时，设计者应借助建筑空间造型能力，做到空间设计尺度适宜、造型协调，要兼具功能的合理性、技术的创新性、尺度的适宜性及形式的愉悦性[25]。其中，街道、广场、中轴线等空间在城市中分布广、占比大，是典型的城市公共空间类型。

1. 街道空间

街道是城市最主要的公共空间，它不仅承载一定的交通功能，还能为人们提供日常活动的场所。在街道空间组织中，应合理安排街道所承担的具体功能，并综合考虑包含道路及其两侧建筑界面所围合的整体街道空间。

分析街道交通及活动需求，明确街道定位，确定好下一步的功能组织与空间配置。在交通功能方面，面对人行、车行、骑行、停车等诸多需求，妥善进行道路划分，合理组织人流、车流关系，做到互不干扰，确保道路畅通。在沿街活动方面，需关注步行环境和交往场所的塑造，尽量保持沿街界面连续，功能业态混合，进而提高街道活力，创造丰富多样的街道空间形态。

街道设计应将道路、沿街退界场地、两侧建筑界面以及街道景观设施作为一个整体加以统一处理，形成一体化设计方案，确保街道尺度适宜、活动空间连续及整体环境和谐。

公交站台、铺地、行道树、街道家具、标识等街道设施是街道空间设计的重要内容，需要进行有序组织与合理安排。针对公交站台、重要建筑出入口等人流活动频繁、占据一定街道空间的特殊节点，可以灵活组织街道断面，做出针对性安排。与此同时，鼓励那些富有创意、体现特色的街道设施形式。

上海大学路作为杨浦大学城主要步行街，联系生活区、工作区和大学城中心。在街道设计中，强调舒适步行环境的打造，选择适宜的街道高宽比（约1:1），人行、车行、自行车道互不干扰，并在两侧预留出7m左右的宽阔人行道、绿带或露天茶座等商业休闲空间，以激发街道活力（图4-33）。

图4-33 上海大学路街道设计

2. 广场空间

广场是经过一定围合的节点型城市公共开放空间。城市广场满足市民日常生活需求，并展现城市文明面貌和特色，其空间组织通常需遵循以下要点：

依据广场功能、级别、区位因素明确广场定位，厘清其空间需求。在功能方面，在满足基本功能的同时，合理组织休闲、文化、商业、政治等复合功能，满足多样性需求。在空间形态方面，除规则型或自由型的单一广场，还可将多个单一广场进行组合，形成复合广场（图4-34）。复合广场空间变化更丰富，给人以多样的空间体验；亦可同时提供规模、性质不同的场所，以适应人们多样性的活动需求。

空间内聚性是广场空间组织的重要手段[17]。向心内聚的场所能给人以领域感和安定感，通常采用制造围合界面、明确空间边界的方式来增强广场的内聚性。在具体操作时，可通过建筑界面与坡地界面，或柱子、雕塑、树木等立物来限定空间，还可以利用广场下沉来增强围合感。在规模较大的广场中，需要将大空间进行二次划分，布置大小、动静、公私等不同体验的公共空间。常用的空间限定方式有绿化、小品、地形与铺地等（图4-35）。

在规模较大的广场中，需要将大空间进行二次划分，布置大小、动静、公私等不同体验的公共空间。常用的空间限定方式有绿化、小品、地形与铺地等（图4-36）。

环境设施应与广场空间保持协调，搭配合理的绿化、水景、铺地、小品等设施，给人以舒适的体验。广场作为展现城市风貌的重要场所，

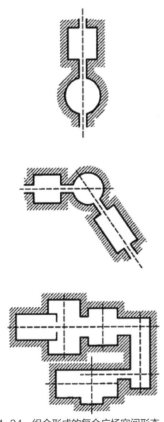

图4-34 组合形成的复合广场空间形态

在空间组织时需要突出城市文化，彰显城市特色，如布置体现地方特征的活动场地、设置相关小品与展示区域等。威尼斯圣马可广场是世界上最负盛名的城市广场，由大小不一的三个广场复合组成。广场被城市建筑围合，面向海湾的一面通过立柱加以限定，内部广场空间通过铺地、地形高差等方式进行二次划分。广场周边建筑底层均设置外廊，以拱券为母题，形成统一背景。在两个梯形广场的交接处设置高耸的塔楼，作为广场标志（图 4-37）。

图 4-37　威尼斯圣马可广场

3．轴线空间

城市轴线是一种在城市中起空间结构驾驭作用的线性要素[31]。在城市设计中常利用轴线来组织城市空间布局，展现历史底蕴和城市面貌。城市轴线通常以车行道或绿带构成的景观大道为主体，在两侧和节点处组织序列建筑、广场等。就设计手法而言，城市轴线应强调对体系清晰的空间体验、空间连续性和序列场景的考虑和创造[32]。

在设计时应尽量避免近年来城市轴线设计中常见的通病，如尺度过大、追求气派、内容单一、缺乏活力等问题。通过综合的土地使用模式，一方面安排好建筑、车行、步行、商业、休闲娱乐等多功能空间，另一方面对用地进行地下、地面、地上的综合开发，使其成为形式上、功能上都名副其实的城市中心区域。

连续性是轴线的核心特征。既可以通过强调轴线上的轴向要素连续不间断的分布强化轴线的有形连续[33]，也可以通过控制两侧建筑界面上的整体性、布局方式上与轴线的联系，强化轴线的连续空间体验。

序列感是轴线的重要体验特征。连续有节奏的序列场景可给位于轴线上的行人以丰富的空间体验。如设计者可在轴线两侧布置形态不一的建筑群，有意识地塑造由其围合形成的轴线空间的收放而形成的场景变化。另外，也可在轴线上布置节点建筑物或立体广场，如拱门、门楼、高低平台等，制造视线焦点与立体空间序列。

巴黎拉德芳斯区始建于 20 世纪中期，是法国现代化的窗口。一方面，通过与凯旋门遥遥相望的标志性建筑大拱门[34]，强化巴黎城市历史轴线

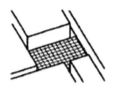

四面围合，围合感强

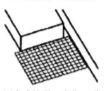

两面围合，围合感较弱。多位于道路转角，易配合周边建筑形成街头广场

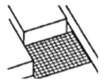

三面围合，围合感较强。打开的一侧利于观察，产生受欢迎的心理暗示

单面围合，围合感很弱。多利用局部下沉等二次空间限定增强围合感

图 4-35　广场的围合方式

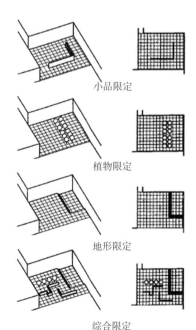

小品限定

植物限定

地形限定

综合限定

图 4-36　广场内部空间的划分方式

的有形延续；另一方面，实施人车分流、立体交通的规划理念，开发多层交通系统，提高该片区土地的利用效率（图4-38）。

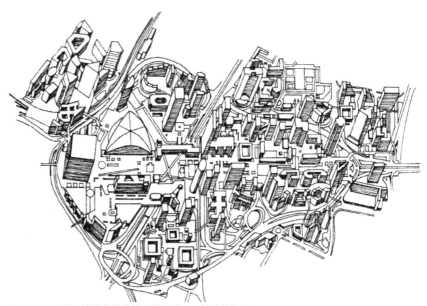

图4-38　巴黎历史城市轴线的现代延伸——拉德芳斯区

4.3.4　塑造城市场所特色

1. 环境设施和建筑小品

城市空间塑造既取决于宏观的空间结构，也取决于接近人体尺度的环境设施设计。环境设施和建筑小品给市民生活带来便利，同时也作为城市的装饰，共同塑造着城市的场所特色。一般来说，设计的主要内容包括城市家具、城市绿地与小品、道路交通设施、城市照明、广告招牌等。在设计过程中应遵循以下原则：兼顾装饰性、功能性和科学性；保证整体性和系统性；具有更新和移动的可能；强调综合化、工业化和标准化[35]。

2. 城市特色

城市特色是由城市空间与内容的独特性自然形成的，包括城市的形体环境空间，以及当地人的生活方式与文化习俗。其中，空间特色是城市特色的主要表现，城市空间的塑造应力求独特性和可识别性[17]。在设计过程中，可以从城市的自然特色和文化特色两方面出发：尊重自然，突出城市山水格局特点。如"山城"重庆、"江城"武汉等总体格局的塑造；亦可建设自然公园，为本土动植物提供展示场所，并在城市绿化上选用体现当地特色的植物。尊重历史风貌，保留并恢复历史文化建筑与传统街区，对城市建筑色彩、风格等作出限制。建设文化展示场所，如展览馆、广场等，作为空间节点展示城市特色。在本土生活上，强调城市居民的认同感以及原有生活方式的延续，制造差异化、多元化的生活场景。

4.3.5　设计层次与内容

城市设计大体分为两个层次：整体城市设计及局部城市设计[28]。在整体城市设计中，应重点完成以下设计内容：一方面，确定城市结构体系，包括城市土地使用、道路和交通系统、开放空间与绿地系统以及建筑形态布局等内容；另一方面，组织好城市主要公共空间，对城市重点区域进行设计，提出大致深化方向，为局部地段城市设计提供参考意见（图 4-39）。

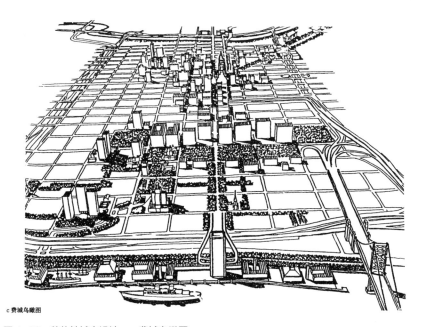

c 费城鸟瞰图

图 4-39　整体性城市设计——费城鸟瞰图

在局部城市设计中，应重点关注以下设计内容：建筑形态布局控制，对地段整体建筑形态做出调整，并细化建筑群体的体量与体块；城市公共空间组织，对街道、广场、轴线等城市主要公共空间展开具体设计；城市场所特色塑造，对城市环境设施与小品、建筑色彩与风格、重点建筑等做出详细安排（图 4-40）。

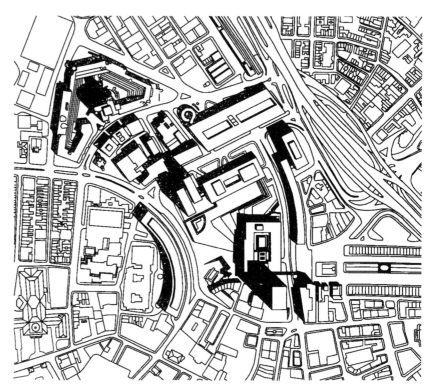

图 4-40　局部地段城市设计——波士顿市政中心平面图

4.4　评价与反馈

　　评价与反馈贯穿城市设计的全过程。在设计阶段，设计者对方案设计的每个阶段进行评价和反馈；在决策阶段，决策者对多个设计方案进行评价选择和意见反馈；以及在使用阶段，使用者对设计成果进行体验后的评价和反馈（图 4-41）。

4.4.1　设计过程的评价与反馈

　　设计者在设计过程中对每一阶段的设计成果进行评价和反馈，有助于初学者及时调整设计方向，保证每一阶段的设计尽可能符合实现设计目标，具备较高质量。在设计过程中，如发现调研阶段的内容有所疏漏，需要及时反馈，进行补充调研与分析，以使后续设计方案考虑更加周全。在立意阶段所确定的目标和设计主题往往对接下来的设计工作起着决定性作用，在分析与提炼的过程中会提出多个方向的目标主题，并对其进行评价，选择其中最为适宜的方案；在构思阶段若发现立意阶段主题概念还存在异议，仍需要及时对其进行反馈与调整。

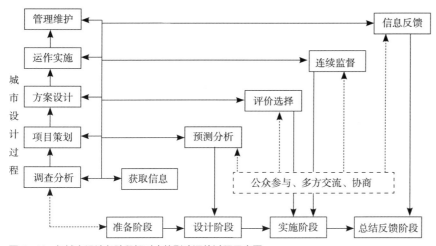

图 4-41　与城市设计各阶段相对应的影响评估过程示意图

4.4.2　决策过程的评价与反馈

在每一轮方案的选择过程中，决策者需要对设计方案进行评价、选择和反馈。例如，在国际竞赛中对竞标方案的评选，或是政府、业主、公众对设计者提出的多个方案进行评价、选择与反馈（图 4-42）。

1. 方案选择

在决策阶段，需要对城市设计方案做出合理评价和最终选择，决策者需针对多个设计方案展开评价。通常需包含以下几方面内容：设计问

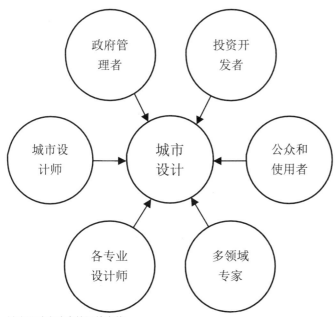

图 4-42　城市设计实践中的评价主体

题是否明晰，设计构想是否合理，各项控制指标是否符合城市规划要求，以及实施计划是否具有可行性等[19]。方案评判往往与决策者的价值取向和初始目标相关，常涉及美学、功能、经济效益及社会心理等诸多要求与标准[36]。

城市设计参与各方会从不同角度对方案做出分析、判断和评价，因此决策阶段的城市设计评价也是一个利益权衡的过程，往往涉及开发者、管理者、设计者以及潜在的使用者等多元化利益群体，各方都会存在不同的价值取向和利益诉求[37]。开发者侧重市场利益，管理者主要从社会和公众利益出发关注综合效益；使用者关心的是能否满足功能需求，塑造良好环境并提供舒适体验；而设计师关注的是否能满足任务书要求，使客户满意，在此基础上实现社会理想和个人抱负。

方案选择应考虑到多方需求，给予不同利益团体平等对话的平台，促进各方相互沟通和协调，其形式可包括座谈会、讨论会、听证会、网络平台公示、公众投票及社会讨论等。在城市设计决策阶段，方案评价与反馈应更多加强与公众的协调沟通，促进公众参与决策过程。

2. 公众参与

公众参与设计是一种让群众参与决策过程的设计[23]。在西方学术界，公众参与被视为城市设计理论和实践的基本组成部分。设计者应首先了解人们的生活方式、生活需求和亟待解决的问题，并将其纳入城市设计的构思中。公众参与的形式较为丰富，常见的如举行公众讨论会，成立市民特别工作组等，或组织公众到规划地址参观，进行民意调查或利用新闻媒介举行辩论，举办方案展览以及相关公众论坛等[23]。

我国公众参与设计与发达国家相比还有一定差距，一方面，缺乏法律上的约束，不具备系统性；另一方面，群众参与决策的意识仍较为淡薄，多数参与方式呈半公开化，如替调查者保密的个别询问、问卷调查及网络平台公示投票等。通过这些方式可以收集到公众对方案的建议和倾向性选择，可为方案决策和改进优化提供依据[20]。

3. 专业评估

决策阶段专业人员对城市设计项目进行的影响评估能够帮助决策者调整方向，保证项目的实践质量。在实际建设过程中，城市设计项目会对其周边环境产生影响，需从城市功能、形态、交通、社会、经济、文化等不同方面加以评估（表4-1）。项目影响评估有助于人们了解城市设计实践活动对现有城市环境会产生怎样的影响，并进一步判断其影响性质和程度，为方案选择提供综合依据；同时，也有利于在项目建设初始就采取措施，尽可能降低其负面影响，最大限度地发挥其积极作用，推动社会、经济和城市建设的健康发展。

表 4-1　城市设计项目的影响因素

影响分类		具体影响因素
功能形态	空间结构	道路交通组织、开放空间组织、空间肌理
	功能设置	土地利用、基础设施、服务设施
	交通组织	城市路网、交通方式、步行环境、街道模式、停车组织、站点设置
环境	自然环境	空气、土壤、水、气候、其他生物资源
	人工环境	建筑环境、社区与邻里环境、历史人文环境
	景观环境	自然景观、人工景观、活动景观
经济	周边地区	商业、房地产价值、其他投资
	城市经济	公共财政、地区收入、税收、产业结构
社会	社会效益	地方发展、可持续性、就业、公共资源的分配
	社会生活	周围居民的生活质量、健康、卫生与安全
文化影响		地域文化、政策体制、历史遗产、人文活动、生活习俗
对人的影响		行为方式、视觉感受、空间感知

4.4.3　应用阶段的评价与反馈

在应用阶段，使用者可对城市设计项目的实施成果进行检验，并对其实施效果进行评价与反馈。

1. 公众体验

对公众来说，城市设计项目是否能够提高生活品质是最为重要的评价内容[38]，主要表现为功能优化和环境提升两方面。对前者的评价体现在是否能够更好地满足生活需求、交通是否便利、经济利益是否得到改善（房产升值、商业激活）等方面；对后者的评价来源于对城市空间环境体验的直观感受，比如空间环境是否洁净、美观和安全，场所体验是否舒适愉悦、是否利于交往活动等。在城市设计成果逐步得以实施后，可通过与使用者及周边居民沟通的方式汇集不同群体对项目建设的反馈意见，以便后续项目能及时改进[37]。

2. 专业评价

设计者、研究者可以从专业角度对城市设计成果进行使用后评价（POE），对其功能效用、艺术效果以及社会、经济和环境影响等全面进行定性或定量评价，并针对不同层面存在的问题提出改进意见（表 4-2）。与关注直观使用感受的普通人群不同，专业研究者也会关注影响使用体验的内在影响因素，并提出一系列城市设计评价标准。下文将以表格形式罗列相关内容供初学者了解和参考（表4-3）。

表4-2　城市设计评价标准

来源	城市设计标准
不列颠百科全书（英国）	环境负荷、活动方便、环境特性、多样性、格局清晰、含义、开发
1970年旧金山城市设计计划（美国）	舒适、视觉趣味、活动、清晰和便利、独特性、空间的确定性、视景标准、多样性、协调、尺度和格局
城市系统研究和工程公司（美国，1977）	与环境相适应、特色的表达、可达性和方位、功能的支持、视景、自然要素、保护观众的视域、维护和管理
城市设计过程（米哈德·雪瓦尼）	可达性、和谐一致、视景、可识别性、感觉、适居性

表4-3　哈西地区城市设计实施效果评估计分指标、权重与分值

层面	一级要素及权重	二要素及权重	哈西地区得分情况
宏观层面（40%）	城市设计目标体系（10%）	前瞻性（50%）	4.50
		契合实际性（50%）	
	城市公共空间体系（15%）	连续性（40%）	2.90
		多样性（30%）	
		可达性（30%）	
	城市景观体系（15%）	绿化空间连续性（40%）	2.90
		景观视廊组织（30%）	
		景观节点分布（30%）	
	城市交通体系（15%）	车行系统通畅性（40%）	3.20
		人行系统连续性（40%）	
		停车布局合理性（20%）	
	城市历史环境与文脉（15%）	历史街区的保护（50%）	2.50
		历史文脉的延续（50%）	
	城市肌理（10%）	建筑群体形态（100%）	3.00
	城市地标（10%）	分布及带动作用（100%）	4.00
	城市轮廓线（10%）	城市日间轮廓线（50%）	3.50
		城市夜间轮廓线（50%）	

续表

层面	一级要素及权重	二要素及权重	哈西地区得分情况
中观层面（30%）	广场空间（25%）	活动支持（25%） 景观性（25%） 安全性（25%） 舒适性（25%）	3.50
	街道空间（25%）	尺度合理性（40%） 绿化情况（40%） 慢行系统（20%）	2.80
	绿化空间（25%）	层次性（25%） 本土性（25%） 丰富性（25%） 季相变化性（25%）	3.25
	滨水空间（25%）	生态性（40%） 景观性（40%） 亲水性（20%）	2.40
微观层面（30%）	建筑（40%）	建筑体量（40%） 建筑色彩（30%） 建筑风格（30%）	2.40
	小品（15%）	文化艺术性（60%） 季节适应性（40%）	3.60
	设施（15%）	市政设施（40%） 交通设施（30%） 休憩设施（30%）	3.00
	铺装（15%）	美观性（30%） 防护性（40%） 地域特色反映（30%）	4.00
	标识（15%）	信息提示标志（50%） 广告标志（50%）	4.00
加权得分			3.13

4.5 结语

城市设计方法是联系城市设计理论与城市设计实践的纽带，很大程度上影响着最终设计成果的质量。而本章依托城市设计的一般流程，分别从调研分析、立意构思、设计深化和评价反馈四个方面介绍了城市设计的常用方法，旨在使读者今后从事城市设计时有章可循、有理可依。目前，中国城市发展建设正处于从"增量发展"到"存量优化"的新型城镇化阶段，城市设计受到前所未有的重视与发展。一个成功的城市设计往往源于扎实的调研与分析，胜在精巧合理的立意与构思。基于直觉感受与逻辑思维，设计师可综合利用各种分析技术和组构技巧，实现结构梳理和形态整合，进而营造宜人的空间场所。各行各业的城市建设参与者也可通过丰富多样的载体了解设计成果，并对其进行评价与反馈，从而推动城市设计方案不断发展、深化与完善。

课后思考题

1. 选取一处你觉得富有活力的城市街道、广场或公园绿地展开调研与分析，要求图文并茂。鼓励新的调研、分析方法的引介与使用。

2. 结合 3～4 个典型城市设计案例，分析他们的立意与构思方面的特色，建议整理成表格进行比较。

3. 结合第 1 题中调研的区域，尝试针对其现有问题进行优化设计，涵盖 4.3 小节中 2～3 个方面即可，要求图文并茂。

参考文献

[1]　金广君. 当代城市设计创作指南 [M]. 北京：中国建筑工业出版社，2015.

[2]　吴志强，李德华. 城市规划原理 [M]. 北京：中国建筑工业出版社，2010.

[3]　王建国. 城市设计 [M]. 北京：中国建筑工业出版社，2009.

[4]　李和平，李浩. 城市规划的调查分析方法 [M]. 北京：中国建筑工业出版社，2004.

[5]　吴晓，高源. 城市设计中"前期研究"阶段的本科教学要点初探[J]. 城市设计，2016（3）：104–107.

[6]　于晓曦. 建筑研究的社会调查方法 [D]：天津：天津大学，2007.

[7]　郑晶晶. 问卷调查法研究综述 [J]. 理论观察，2014（10）：102–103.

[8]　迪特尔. 普林茨. 城市设计（上）设计方案 [M]. 吴志强，译. 北京：中国建筑工业出版社，2009.

[9]　徐小东，王建国. 绿色城市设计 [M]. 南京：东南大学出版社，2018.

[10]　徐小东，王建国，陈鑫. 基于生物气候条件的城市设计生态策略研究——以干热地区城市设计为例 [J]. 建筑学报，2011（3）：79–83.

[11]　李军，王江萍，许艳玲. 城市设计理论与方法 [M]. 武汉：武汉大学出版社，2010.

[12]　（日）芦原义信. 街道的美学（上）[M]. 尹培桐，译. 南京：江苏凤凰文艺出版社，2017.

[13]　俞孔坚. 景观的含义 [J]. 时代建筑，2002（1）：14–17.

[14]　韩冬青. 城市设计的创作方法论探讨 [J]. 规划师，1998（2）：98–101.

[15]　周干峙. 城市及其区域——一个典型的开放的复杂巨系统 [J]. 城市规划，2002（2）：7–8+18.

[16]　王建国. 基于人机互动的数字化城市设计——城市设计第四代范型刍议 [J]. 国际城市规划，2018，33（1）：1–6.

[17]　卢济威. 城市设计创作研究与实践 [M]. 南京：东南大学出版社，2012.

[18]　金广君，刘堃. 主题事件与城市设计 [J]. 城市建筑，2006（4）：6–10.

[19]　金广君. 图解城市设计 [M]. 哈尔滨：黑龙江科学技术出版社，1999.

[20]　卢济威，于奕. 现代城市设计方法概论 [J]. 城市规划，2009（2）：66–71.

[21]　王建国. 金陵大报恩寺遗址公园规划设计刍议 [J]. 建筑学报，2017（1）：8–10.

[22]　金广君. 图解城市设计（第二版）[M]. 北京：中国建筑工业出版社，2010.

[23]　王建国. 城市设计（第三版）[M]. 南京：东南大学出版社，2010.

[24] 徐小东，王建国. 绿色城市设计（第二版）[M]. 南京：东南大学出版社，2018.

[25] 李昊. 城市规划快速设计图解 [M]. 武汉：华中科技大学出版社，2016.

[26] （美）雷·金德洛兹. 城市设计技术与方法 [M]. 杨俊宴，译. 武汉：华中科技大学出版社，2016.

[27] 董彩霞. 哥本哈根的自行车道网 [J]. 世界环境，2017（3）：74–77.

[28] 徐雷. 城市设计 [M]. 武汉：华中科技大学出版社，2008.

[29] 王克强，马祖琦，石忆邵. 城市规划原理 [M]. 上海：上海财经大学出版社，2008.

[30] 丁沃沃，刘铨，冷天. 建筑设计基础 [M]. 北京：中国建筑工业出版社，2014.

[31] 《建筑设计资料集》编委会. 建筑设计资料集 8（第三版）[M]. 北京：中国建筑工业出版社，2017.

[32] 张立涛. 城市轴线设计方法的理论与实践探索 [D]. 天津：天津大学，2007：33.

[33] 齐康. 城市建筑 [M]. 南京：东南大学出版社，2001.

[34] 李明烨. 由《拉德芳斯更新规划》解读当前法国的规划理念和方法 [J]. 国际城市规划，2012（5）：112–118.

[35] 王士兰，游宏滔. 小城镇城市设计 [M]. 北京：中国建筑工业出版社，2004.

[36] 刘宛. 城市设计实践论 [M]. 北京：中国建筑工业出版社，2006.

[37] 陈旸，金广君. 论城市设计的影响评估：概念、内涵与作用 [J]. 哈尔滨工业大学学报（社会科学版），2009（6）：31–38.

[38] C. W. 斯坦格，金广君. 城市设计——概念、过程及评价标准 [J]. 新建筑，1993（1）：56–58.

第 5 章
练习

本章要点：

- 了解各层级城市设计内容与特点。
- 了解城市设计的类型及其形式、作用。
- 学习城市设计的工作程序和基本方法。
- 学习城市设计分析与成果的图文表达。

5.1　城市设计的层级

城市设计分为宏观、中观、微观三个层级，分别与总体城市设计、区段城市设计和地块城市设计相对应，此外，还有针对城市特定要素、穿插于三个层级的专项城市设计[1]。

5.1.1　总体城市设计

总体城市设计与城市总体规划（或国土空间总体规划）相配合，研究对象主要是城市相关的周边环境及其建成区[2]。总体城市设计的目的是在城市总体规划的框架下明确城市整体的物质空间格局、功能组织、风貌特征、环境品质与文化内涵，并为下一层级的中、微观尺度城市设计的落实提供设计依据与指导[3]。

总体城市设计的工作重点包括以下几部分内容：城市形态结构、城市建筑景观、城市开放空间、城市特色分区、城市视觉景观系统、城市人文活动体系和城市重点地段（表 5-1）。

5.1.2　区段城市设计

区段城市设计承接总体城市设计，与控制性详细规划相对应（图 5-1）。区段城市设计需要考虑与总体城市设计的衔接关系，明确该片区、地段在城市中的定位，落实总体城市设计中的相关要求；对区段的空间形态、城市格局、景观体系、人文特色等方面进行研究和设计；结合控制性详细规划对区段的界面控制、高度分区、开敞空间、交通组织、地下空间以及建筑设计等方面内容做出控制与引导。

区段城市设计中，分为重点地区城市设计与非重点地区城市设计[1]。重点地区包括历史文化街区、滨水地区、城市重要景观区域等能反映城市历史文化、突出城市风貌特色的区段。

表5-1　总体城市设计内容

1. 城市形态结构	（1）城市总体形态（如山水）格局的保护和发展原则 （2）城市传统空间形态的保护和发展原则 （3）区域与城市交通的组织和发展原则 （4）确定城市主要的发展轴向和重要节点
2. 城市建筑景观	（1）提出城市建设艺术 （2）确定城市建筑高度分区和城市天际轮廓线 （3）确定城市标志的发展方向及控制原则
3. 城市开放空间	（1）城市公园绿地系统的布局和功能体系 （2）城市主要广场的位置、序列与层次 （3）提出城市主要街道的发展原则 （4）确定城市滨水岸线的控制指引
4. 城市特色分区	（1）划分城市特色区段 （2）各分区的生态环境特征、历史文化内涵、人文特色和建筑形体的控制原则
5. 城市视觉景观系统	（1）组织重要的景观点、观景点和视廊系统，提出视廊范围内建筑物位置、体量和体形的控制原则 （2）确定城市眺望系统及其控制原则 （3）建立城市意象系统，如入口、路径、边界、标志、节点等
6. 城市人文活动体系	研究城市人文活动的特征规律及空间分布，确定城市人文活动的领域、场所和路线
7. 城市重点地段	确定城市重点地段的位置、开发控制原则和管理细则，包括建筑体量、建筑高度、建筑界面、容积率、公共开敞空间、建筑风格、街道色彩、绿化配置、树种选择等

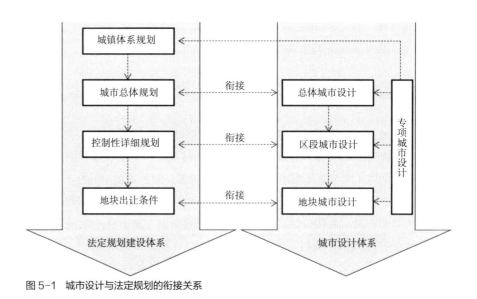

图5-1　城市设计与法定规划的衔接关系

5.1.3　地块城市设计

地块城市设计是更微观层级的城市设计。地块城市设计是针对城市中某个将要实施的具体地块而编制的设计，是在控制性详细规划指导下对总体城市设计以及区段城市设计的具体落实[1]。

地块城市设计内容包含开放空间设计、交通组织、大型建筑物及其周边环境、环境景观设施以及人文活动等内容。设计需体现城市整体风貌特征与人文内涵，体现与城市整体空间环境的联系。

5.1.4　专项城市设计

专项城市设计需落实相关城市规划和城市设计的具体要求，以问题或目标为导向，根据实际需要，对城市及其所在区域的特定风貌要素或特色系统，进行专项研究与设计。其编制内容可结合项目实际情况决定[1]。

5.2　城市设计的类型

城市设计按照不同性质可分为编制类、创作类与研究类。编制类城市设计是将城市设计方案转化为可被纳入规划文件的具体准则和依据。创作类城市设计的目的在于为城市的空间环境提出发展设想方案，通过三维的空间模式以及大量系统设计作为城市设计成果。研究类城市设计是针对城市中遇到的某些问题，对城市特定要素进行研究与推敲的设计方案。

5.2.1　编制类

"编制"一词可理解为编排、组织以形成方案、计划。城市设计方案通常以大量图片的方式将其三维形象直观展示，然而真正城市建设与管理还需要将其进一步"转译"，即将城市设计方案转化编排为可以被控制的具体准则，与控制性详细规划结合，实现方案的落实。这个转译工具就是编制类城市设计，编制类城市设计可通过城市设计图则与城市设计导则的形式实现，其最终成果可被纳入不同层级的规划文件中。

城市设计图则的目的是将总体规划所形成的总体设计转变成对具体地块的控制与引导，是对上位规划的落实与表达。城市设计图则是通过一系列控制图、图则说明、图则符号以及图则基本信息，表达出相应范围内物质空间控制与引导的内容及设计意向[3]，如图 5-2 所示。

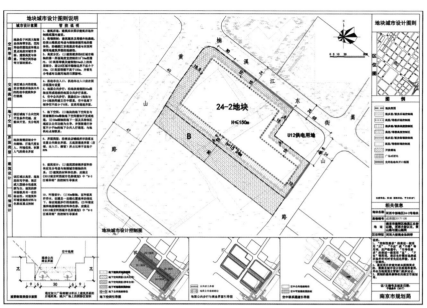

图 5-2   南京河西中部 24-2 地块图则

　　城市设计导则的概念在 1990 年代进入我国，可以看作是对城市空间建设进行指导的标准性文件与具体落实的工具[3]。从广义上讲，可将所有由设计文件转译过来的城市设计导控规则统称为"城市设计导则"[4]。通常来说，城市设计导则是通过文字与图表结合的方式进行表达。城市设计导则根据不同的城市设计成果批复方式分为两种作用，经市人大立法、市政府批复的城市设计导则具有法律效应，而经其他批复方式的城市设计导则起到指导性作用。

5.2.2   创作类

　　创作类城市设计是当前城市设计中的主要类型。除了对城市物质空间进行构想，创作类城市设计还需要提出城市设计的各个系统设计，如景观系统、道路系统等，以及对人文活动做出设想与安排。创作类城市设计可按不同尺度分为总体城市设计、区段城市设计与地块城市设计，具体的设计对象包括整体城市、城市新区、开发园区、城市中心区、滨水地段、商业街，以及广场等。由于实现周期较长，除某些小尺度具体城市设计外，创作类城市设计更偏向设计方案性质，其最终的实施还需要与城市规划管理协调统一，并在实施的过程中不断完善。

5.2.3 研究类

研究类城市设计通常针对城市建设与发展中遇到的特定问题，通过对城市外部空间环境的研究与推敲，与城市规划、建筑设计相协调，提出具有可行性的设计方案。如对于城市轮廓线、建筑高度、广场与街道尺度、历史风貌区保护等的研究，研究类城市设计可看作是对城市研究的专题。对于以二维平面为主要工作对象的城市规划工作而言，研究类城市设计能从城市景观、历史文化、环境品质等角度对城市空间进行具体深化，从而弥补城市规划不足与缺漏。

如王建国院士曾对南京老城进行了基于高层建筑管控的城市空间形态与形态特色研究。研究基于六项评定因子，通过 GIS 建立数据模型，按照多因子综合评价的方式确定南京老城不同控制高度的区域，为城市政府与规划部门实施的城市建设工作提供了重要的技术支持与决策参考[5]（图 4-29）。

5.3 城市设计的练习

本小节将以课程案例的方式展示城市设计在城市建成区、城市新区、城市特色地段与专项城市设计方面的运用。课程案例将集中在区段级城市设计研究，聚焦于城市片区或地段的功能定位、空间结构、景观系统、交通组织、公共空间以及建筑群体的组织等方面内容。

5.3.1 建成区城市更新

根据《城市规划基本术语标准》，城市建成区（Urban Built-up Area）是指城市行政区内实际已经成片开发建设、市政公用设施和公共设施基本具备的地区[6]。

对建成区内的区段进行城市设计，首先需要梳理出建成区的特征。第一，在时间上，建成区是动态变化的。一方面随着城市的发展，建成区的面积不断增大，城市中的街道、建筑、景观在不断更新，另一方面城市在时间长河中经历的活动事件与社会变迁，是城市设计中需要抓住的重要历史脉络。第二，在空间上，城市建成区具有一定的自身结构与肌理，不同的地理环境、生活方式、价值观念等孕育出不同的城市空间形态，是城市设计需要尊重的背景条件。第三，在功能上，建成区与城市的运行、发展息息相关，是市民活动、文化交流与经济发展的载体。城市的功能特征是设计的重要依据。

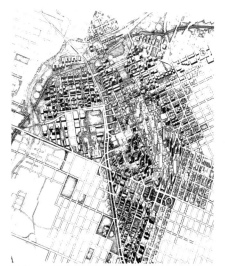

图 5-3　丹佛中心区城市设计

1. 城市中心区

城市中心区即城市结构的核心地区，也是城市发展中人口聚集的最初地段。大城市中心区功能往往以商务办公为主，建筑以较高的密度、高度为特点，展现出城市的形象，如纽约曼哈顿、上海陆家嘴、香港中环等城市传统的 CBD（中心商务区）。

然而，随着人口不断增加、经济快速发展，城市中心区最初的"领跑"地位逐渐弱化，而中心区的问题却逐渐显露。大量的人流车流使得交通拥堵明显，建筑与基础设施年久待修，噪声与空气污染等环境问题日益严重，新的规划与原有城市肌理相冲突等。在此情况下，城市中心区的设计与改造研究被重新关注。城市中心区的城市设计不仅需要考虑城市的物质空间形态的有序重塑，反映城市发展"记忆"的场所空间还需要得到重视，城市经济发展、生活方式、文化活动等都需要给予权衡考量。

丹佛市中心区规划设计[7]是美国较成功的城市中心区设计案例之一。丹佛市位于美国中西部，面积约 $3km^2$，规划设计根据丹佛市实际情况形成合理的分区，共形成十个不同特色的区域，构成城市空间的基础形态。针对中心区内不同特色地段设计营造出不同的场所空间，如对中心区内传统历史地段和自然资源地段做出充分的保护与尊重，形成保护历史传统区与滨河景观区，以增加中心区的多样性与吸引力。中心区内设置高层高密度财政金融核心区，作为经济发展的载体，此外，在中心区留有一定的发展用地，充分考虑未来城市发展（图 5-3）。

作业案例（一）：2018 年同济大学建筑系本科毕业设计课程"新城改造：陆家嘴再实验"

1）课程说明

相对于"旧城更新"，中国的很多城区已经在面临"新城改造"的挑战，原因在于上一个阶段爆发式增长推动下的大量新区建设十分仓促并且城市空间品质不高，市民日常生活的基本要素如宜居的环境、适宜的尺度、混合的功能、城市活力、生活便利程度等，往往考虑甚少。陆家嘴是上海的中央商务区，是上海作为全球城市重要的物质和功能载体，也是一个中国新城问题的典型案例。

2）设计任务

在陆家嘴空间问题分析的基础上，通过空间加密的基本策略，探索陆家嘴向小尺度、多样性、混合型城区转型的可能性与操作途径，完成对整个小陆家嘴的改造设计。

3）方案特色

课题组采取了统一的空间加密策略，将陆家嘴绿地转型成能创造城市活力的核心区，并将整个小陆家嘴的空间通过密度和尺度的区分，形成由内向外从密到疏的圈层结构；而世纪大道则转换成一条市民的生态

休闲绿廊，以留下记忆。针对核心区空间营造，四个工作小组分别提出
了"陆家嘴芯片""陆家嘴里弄""城市庭院""活力网格"四个不同方案，
类型学特点鲜明，均力图构建一个秩序明确、尺度宜人、功能混合、变
化多样的新城核心（图 5-4）。

图 5-4　改造前肌理与改造后方案肌理对比
（a）改造前肌理；（b）加建分区肌理；（c）第一组方案"陆家嘴芯片"肌理；（d）第二组方案"陆家嘴里弄"肌理；（e）第三组方案"城市庭院"肌理；
（f）第四组方案"活力网格"肌理

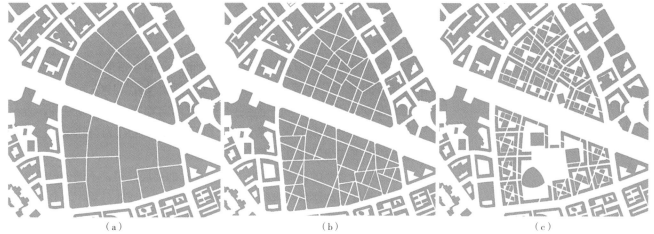

图 5-5　第三组"城市庭院"肌理形成过程
（a）通过周边的路网以及基地的形状划分超级街块的范围；（b）嵌入与世纪大道正交的网格对超级街块进行切割划分；（c）进一步创造出与世纪大
道相联系的公共庭院空间

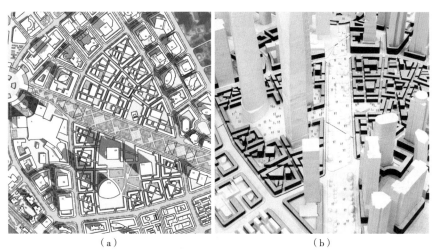

图5-6　第三组"城市庭院"方案
（a）"城市庭院"方案总平面图;（b）"城市庭院"方案模型照片

其中,第三组"城市庭院"方案着重展示了一种外轮廓清晰,内部拥有一个空间子系统的复合性城市空间单元,创造了多层级的城市公共空间,是一种发展中国传统的内向型空间文化,面向未来的新型城市细胞（图5-5、图5-6;学生:林敏薇等,指导教师:蔡永洁、许凯,助教:张溱）。

2. 城市副中心

对于较大规模城市,随着经济增长、人口密度增加、产业发展到一定程度,城市空间呈现出由单中心发展为多中心结构的趋势,原有中心区以外的中心区域称为城市副中心。城市副中心对于城市中心区有着疏解与互补的作用。城市副中心的形成和发展与其本身的地理位置、交通环境、基础设施等条件密不可分,副中心相对城市中心区而言,与住区等周边功能区关系更为密切,因此能容纳更多样的公共活动,具有更持续的活力。如上海徐家汇、五角场、东京新宿、汉堡港口新城等。

副中心区域的城市设计远离了原有市中心的城市形态,可以展现出新的城市面貌与场所感,如巴黎德方斯的规划设计。1960年代,法国政府规划决定将巴黎卢浮宫—凯旋门这一东西向轴线向西继续延伸,直至建设面积约750公顷的德方斯区域,历经40多年的规划与建设,已由从前落后的郊区成为巴黎九个繁荣的副中心之一。

德方斯最重要的城市形态特色就是成片的高层建筑,不同于巴黎老城区,形态各异的高层塔楼容纳了大量的法国企业。商业分集中与分散两种设置,集中设置的商业"四季商业中心"包含电影院、超市、商店等功能,面积逾10万平方米;分散商业与商务、住宅结合布置,方便市民生活购物。方正的新凯旋门成为德方斯区的标志建筑,与巴黎老城区遥相呼应。

3. 城市其他地区

城市建成区除了主要以商务办公为主的中心区与副中心外，还由诸多的街区组成如住区、商业区、科教文化区、工业区等功能区。

图 5-7 菊儿胡同建筑群鸟瞰

其中，住区是与市民生活最紧密相关的城市区域。吴良镛院士对北京菊儿胡同的改造方案，在保留城市形态的前提下，重新激发了住区的场所活力。菊儿胡同在改造前，是一处较为破旧的杂院，吴良镛院士在改造中保留了北京"鱼骨式"胡同结构与传统四合院空间形式的同时，创造新的建筑类型以适应新的居住要求。建筑以过街楼的形式将各个庭院连接，延伸出南北向的"进院"与东西向的"跨院"。新的建筑打破了以往街区封闭的空间特点，采用一种开放的街区体系，以适应新的居住单元中居民出行与居住需求（图 5-7）。

作业案例（二）：2015 年东南大学建筑学院研究生一年级设计课程"小西湖片区保护与复兴典型地块建筑设计"

1）课程说明

小西湖片区位于南京市秦淮区老城南门东地区，属于南京门东地区22 片历史风貌区之一的大油坊巷历史风貌区。基地北临小油坊巷、小西湖小学，东至箍桶巷，南抵马道街，西至大油坊巷。规划用地面积约 4.69hm²。正如培根（Edmund N.Bacon）所说"城市设计的任务是必须为城市居民的生活创造一个和谐的环境"[8]，1 200 多户居民、3 000 多人在此居住，居住条件与现代都市生活极不协调，配套设施缺乏，因此，更新居住条件、改善生活状况的任务迫在眉睫。

2）教学手段

面对这样的一个复兴计划，与以往不同的是南京市规划部门没有邀请专业的规划设计院所来做方案，而是由建筑学及相关专业的研究生志愿者参与规划研究，由导师指导设计。

东南大学志愿者团队成立于 2015 年的暑假（指导教师：韩冬青、陈薇等），从酷暑到深秋，老师和同学们深入走访当地居民，详细调查评估了小西湖片区的 216 个产权单元、1 300 多栋建筑单体。以延续原住民在地生活为目标，围绕激活社区生活活力和提升幸福感，按照尺度层级给出相应的设计导则，提出一条自上而下的引导式更新与自下而上的自主式更新相结合的行动计划。

3）方案特色

东南大学志愿者的工作在总体策略、规划、建筑三个层面展开（表 5-2）：总体策略层面，提出一条跨领域多角色共同参与的行动路线，包含三条主线以及五方平台；在规划层面，在调研基础上将整个小西湖片区划为五个分区，提出政府统筹、居民自主更新、基于五方平台的联合更新三种模式；在建筑层面，选取了十四个典型地块进行重点设计。

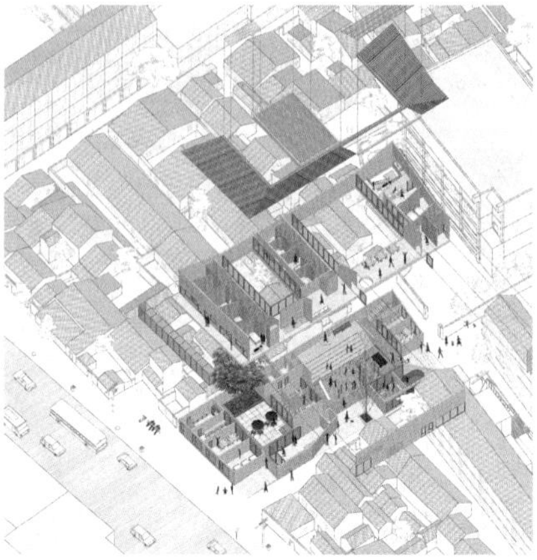

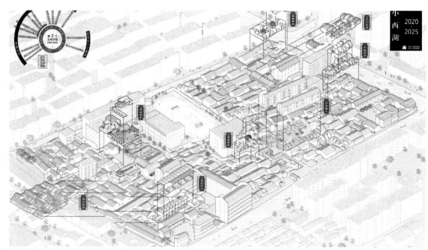

图 5-9 由南院普济改为的城市老年之家

表 5-2 小西湖方案行动路线

三条主线:	规划设计与建造	三种模式:	政府统筹
	社区营造		联合更新
	资金与政策		自主更新
五方平台:	规划局等职能部门	五个分区:	新增的公共活动区
	开发公司		保留的公共服务区
	街道与社区居委会		重要历史建筑展示区
	社区自治组织		一般历史建筑保护区
	规划设计团队		传统居住区

在上述"335"模式的基础上,方案将小西湖的渐进式更新分为三个时间阶段,如图 5-8 所示为 2020~2025 年第二个"五年计划"城市设计示意图,在这一阶段中,在建设市政府基础设施方面,以政府统筹为主,对小西湖地块进行全面的基础设施更新,包括各种管线更新与重组,重要设施、装备的配置与安置,道路交通系统的整理;在建设街巷空间方面,以政府统筹为主,在历史街巷以及现有街巷的基础上,结合未来场地内重要节点空间布局,对街巷空间、立面材料,道路等级进行梳理;对于重点地块,参考历史上对"小西湖"及"翔鸾庙"的记载,形成典型公共空间。如图 5-9 所示为南院普济改为的城市老年之家。

图 5-8 小西湖 2020~2025 年第二个"五年计划"城市设计轴测图

5.3.2 城市新区城市设计

国外对于城市新区的研究始于 19 世纪末 20 世纪初,包含新城、卫星城、边缘城市等概念。我国自 20 世纪 50 年代起，在北京、上海的规划中也借鉴了卫星城的概念，建设了第一批卫星城镇。20 世纪 80 年代后随新城建设的政策演变，可将我国对城市新区的研究与建设分为三个阶段：1980~1991 年，以经济特区和开发区的建设与探索为导向，如深圳等经济特区；1992~1999 年，以生产型新区（开发区）开发为导向，如上海浦东新区、哈尔滨松北新区；2000 年以来，以综合型新区开发为导向，如郑东新区[9]（图 5–10）。

图 5–10　郑东新区模型照片

在我国，开发区的形式有高新技术产业开发区、工业园区、农业园区、经济技术开发区、保税区等[10]。与综合性新区相比，开发区更强调技术的引进与产业的集聚，促进经济发展是开发区的重要目标与动因，主要功能为产业与配套居住。而综合性新区除了产业与居住之外，还有商业、行政、文教等功能配套，是功能更全面、综合性更强的城市新区。

1. 新区

新区（综合型新区）的出现通常是老城区人口过度集中、空间资源受限带来的结果。例如河北雄安新区、上海浦东新区、南京江北新区等。在新区的城市设计中，有两个需要重点考虑的方面，一方面是如何应对新区城市的发展战略与功能定位，另一方面是如何通过创造性的城市空间形态组织营造舒适、高效、活力的城市空间。

郑东新区的城市设计就以一种创新的城市形态打造了一片城市新区。郑东新区位于郑州市市区东部，规划控制面积 370km²，由日本建筑师黑川纪章规划设计。郑东新区采用组团发展，将最初的 150km² 规划区域划分为 CBD、龙湖地区、商住物流区、龙子湖高校园区、高科技园区和经济技术开发区等若干组团，分别承担商务、办公、居住、教育、科研和产业等功能，各组团互为支撑，有机联动，共同发展[11]（图 5–11）。

2. 开发区

开发区的城市设计针对特定产业下的功能配置、空间结构、公共空间节点、景观绿地、流线组织等设计要素，反映新办公模式、新居住方式、新生活模型的新的工作、居住场所空间。因此，在设计中，如何高效组织具有产业特色的开发区科研办组团、组合办公与游客等不同人员流线、如何布置服务配套提高工作生活便捷度以吸引高层次人才等是需要考虑的重要方面。

作业案例（三）：2016 年华南理工大学本科毕业设计课程"广州国际生物岛（GIBI）城市设计研究"

1）课程说明

广州国际生物岛（GIBI）位于广州战略发展的轴线上，与琶洲国际会展中心、大学城、广州新城和南沙新区一起组成广州高新技术产业发展区域。广州国际生物岛面积约 1.85km²，发展的重点领域为生物技术药物、生物医学工程、生物制造等。上位规划将其定位为以发展现代服务业为主导，构建现代服务业、高端制造业和高新技术产业有机融合、互动发展的现代产业体系。

2）设计任务

①优化城市功能，激发地区活力。优化生物岛的土地利用功能，引入更完善的产业体系和城市职能。②融入城市结构，优化区域交通。将地区有机纳入城市总体发展架构之中，建立交通、慢行、功能和景观上的全面联系。③提升空间品质，营造特色环境。实现滨水空间的可达性、开放性和公共性，塑造高品质、有特征的公共空间环境。④体现场所精神，延续城市文脉。基地内存在一些村落、建筑、构筑物、景观等历史元素，使之与新的环境相契合，以体现场所精神和延续城市文脉。

3）方案特色

在王唯、黎泓等同学（指导教师：孙一民、李敏稚、黄烨勃）的设计方案中，设计结合岛内现有资源形成西北—东南向轴线，呼应琶洲会展中心与大学城。在生物岛内部建立核心商业区与景观文化休闲区（图5-11a中红色区域与蓝色区域）形成带状公共空间，在岛的两端布置相对独立的产业组团（图5-11a中黄色区域）。以公共生活慢行带串联起生物岛各个区域，设置线性慢行景观空间串联原有公园节点，引导至滨水区域。

设计不仅考虑了对园区内部服务，还考虑了对城市的开放。将公共

（a）　　　　　　　　　　　（b）

（c）　　　　　　　　　　　（d）

图5-11　广州国际生物岛（GIBI）城市设计方案系统分析
（a）概念结构；（b）开放空间；（c）景观结构；（d）步行系统

空间的设计与市民游客的流线结合吸引更多人流；适度的功能混合满足周末与平日不同人流，提高了生物岛的使用效率；以自行车、步行、电瓶车、巴士为主导的慢行公共交通系统满足岛内人群以及周边市民的出行（图 5-11）。

3．卫星城

卫星城理论源自 19 世纪末霍华德（Ebenezer Howard）提出的"田园城市"构想，卫星城分布在中心城市的周围，起到了分担中心城市功能、疏解中心城市人口、缓解中心区压力等作用。在我国，卫星城也被称为副城，与主城相对应。卫星城与中心城市有密切的联系，同时也有一定的独立性。在卫星城的城市设计中，需要关注卫星城与中心城市的联系、卫星城本身的人口、产业结构，城镇与郊区的发展平衡等问题。

在"十五"规划期间，上海在城市快速发展中提出了"一城九镇"的发展思路，围绕上海市中心区建立松江新城、朱家角、安亭新镇等九个各具特色的卫星城镇。以安亭新镇为例，安亭新镇是以汽车产业为特色的小镇，其规划是以"德国小镇"为原型，多为 4、5 层的多层建筑，呈周边围合式。安亭新镇的设计原则包括了以下 9 点：步行可达，连接、混合功能，好的建筑和城市设计，传统邻里结构，较高密度，交通便捷，可持续性与生活质量[12]。

安亭新镇的设计可以看作是中国借鉴国外城市设计的一次尝试，然而相似的城市形态下却因为不同的生活理念以及行为方式产生了不同的空间感受。尽管如此，"一城九镇"也为城市新区的设计与研究带来了积极的影响，如近人尺度的理念、步行空间的塑造，以及城镇空间的多样化研究、对传统空间的探讨、对城市设计理论的研究等，为今后的城市设计提供了宝贵的经验[13]。

5.3.3　特色地段城市设计

1．历史地段

历史地段的城市设计需要落实相关保护规划要求，重点对历史地段建设控制地带内的空间格局、风貌特色、新建和改扩建建筑等内容提出具体的控制与引导要求。

历史地段不仅是古迹、历史建筑、街道等物质空间的遗留，更代表了一个地区或城市的文脉与风貌特征。然而，城市建设与发展的必然性给功能衰退、基础设施不完善的历史地段带来挑战，因此，在"保护"的前提下追求"可持续发展"是历史地段城市设计的重要任务。

宽窄巷子是成都三大历史文化名城保护街区之一。宽窄巷子面积约 30hm²，其中核心保护区约 6hm²，由宽巷子、窄巷子和井巷子 3 条传统街

图 5-12　保护工程结束后的整体模型

巷组成。宽窄巷子保护工作提出整体性、原真性、多样性、可持续性的保护策略[14]。

对于仅存的宽巷子、窄巷子传统街道，以最大限度的保留方式使其重现清朝时期的院落空间形态；对于已经被时代改变、保护价值不大的区域，以玻璃、钢等新材料强调新时代特征，并在居住功能的基础上加入商业、餐饮等功能满足发展的需求。

此外，在保护工程中保护的对象不仅仅是街区物质环境要素，还有更重要的街区传统生活方式与场所精神。因此强调居民参与保护的方式使宽窄巷子保持了原有生命力。现在，宽窄巷子已经成为成都的一张名片，也为我国的历史地段保护工作提供了重要的思路（图 5-12）。

作业案例（四）：2019 年东南大学建筑学院研究生一年级设计课程"苏州市干将路古城区区段缝合与复兴"

1）课程说明

干将路为一条穿越了苏州古城区的东西向城市道路，是 20 世纪 80 年代末 20 世纪 90 年代初以交通优先的方式规划背景下而建设的。在城市向东西方向发展的格局下解决了西部高新区与中部古城区、东部工业园区的在交通上的连接问题，然而，对古城区而言，却在物理空间上将整体的历史街区划分为南北两个部分（图 5-13）。干将路南北控制宽度 50m，两侧建筑控制高度 24m，双向 6 车道，中间为干将河，由此带来空间尺度不当、商业氛围不足、街区活力匮乏等一系列问题。

2）设计任务

课程主要目标就是利用建筑学科中城市设计、园林设计与景观设计等综合知识体系，将车行系统与步行系统分流交织，变现状问题为创作的条件，通过建立"街道上的街道"形成"街道中的园林"，缝合古城空间肌理，复兴古城商业活力。将过去封闭在高墙之内的私家园林体验转化为今天开放的公共交往场所，让"姑苏繁华图"从过去平面上的绘画转化为今天日常生活中的城市空间。

3）方案特色

由周晓晗、眭格瑞等同学（指导教师：张应鹏）完成的设计"重塑姑苏繁华图"为干将路提出了具有创新性的解决方案。9 名同学在前期的调研、分析的基础上，提出统一的设计理念与设计原则，后期将干将路分为 9 段进行分段深化设计。

设计提出以高架的形式应对整个场地。高架在遇到不同的场地、建筑以及景观时，作出不同的调整姿态回应这些场地要素（图 5-14）。例如，为了避免对住宅隐私的侵犯，用 U 形开口面对住宅，以园林隔开高架步道和住宅；而应对外部景观时，设置观景平台，人景互动，有利于行人眺望外部及远方的景观。

图 5-13　干将路现状

同时，设计对拙政园、留园等苏州古典园林进行分析，提取园林相关设计要素，将传统的厅、堂、廊等元素在尺度上转译到现代城市中。设计对场地交通站点进行分析，设计出节点剖面（图5-15、图5-16）。

图 5-15　平江路段设计

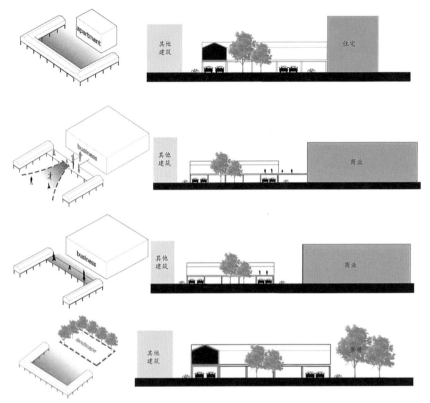

图 5-14　高架的不同形式应对场地

（a）

（b）

（c）

图 5-16　仓街段设计

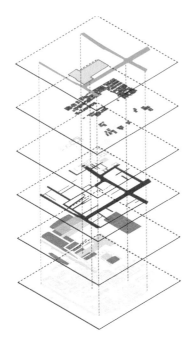

图 5-18 物质空间分析

图 5-17 总平面图

作业案例（五）：2019 年西安建筑科技大学建筑学院设计课程"西安顺城巷城市更新"

1）课程说明

西安城墙作为中国现存最完整的一座古代城垣建筑，经历沧桑洗礼，是古城历史变迁的见证者；城墙及顺城巷成为最能彰显老西安城市空间格局的地带，是承载老城日常生活的重要载体。西安顺城巷是一条13.7km 长的环形巷子，一侧是巍巍古城墙，一侧是承载西安记忆与活力的城市空间。然而，尽管拥有如此得天独厚的区位条件，顺城巷在实际生活中却因为场地流线复杂、建筑利用不充分、文化活动场地受限等原因显得活力不足、缺乏人气。

2）设计任务

设计任务以顺城巷城市更新为契机，为城市设计一处具有幸福感、生命力的环境（包含建筑、场地、景观、古迹等），来唤醒古老西安的城市魅力、提升人们的生活品质，并将其转化为具有吸引力的城市空间。

3）方案特色

由刘泽茂、张奇正、刘擎宇同学（指导教师：王璐、苏静、项阳）完成的设计中（图 5-17），在调研现状的基础上，对区域内文化产业活动及其所在建筑进行分析，形成针对不同需求人群的旅游路径，并针对不同活动提出相应的建筑改造策略。

首先，方案对顺城巷周边历史街区进行研究，选取三学街历史文化街区作为研究对象，分析其从初唐至今由祭祀到文化教育的功能转变。在物质空间层面，将整个街区路网、重点文物古迹、传统院落肌理以及一庙三学格局进行分解分析（图 5-18），作为路网疏通设计的重要依据。

接着，对基地人群进行观察访问。包括基地内部小商贩、附件居民以及国内外游客，对他们的活动特征进行分析，了解基地内的几处重要建筑在游客眼中被认知的真实情况。

再次，对传统民居使用性质进行调研分析，将其按照有院子加建型、无院子加建型、无院子重建型、有院子重建型、有院子保护型进行分类，以此作为后期建筑改造方式以及体验流线设计的重要参考。

最后，对区域内戏曲、牌匾、篆刻、民宿、文玩、装裱、书画这几种文化产业活动的具体情况以及建筑利用状况进行分析，作为建筑改造的直接依据（图 5-19、图 5-20）。

2．滨水区

滨水区即"城市中陆域与水域相连的一定区域的总称"，一般由水域、水际线、陆域三部分组成[2]。水作为一种天然资源，自古就受到人们的青睐；工业革命后，滨水区域成为货物运输、存储的重要工业区域；当代社会中，城市的滨水空间更是与居民日常生活有着密切的联系，成为市民休闲、娱乐的去处之一。

由此可知，滨水区是城市促进市民交流、提升景观价值，以及推动经济发展的重要空间。滨水区的城市设计首先需满足公共性的要求，滨水岸线作为全民共享的资源需避免私有化带来的过度开发可能性[15]。其次，城市中的多数滨水区域是城市历史的见证者，因此如何营造场所精神唤起城市的历史记忆也是设计的要点之一；最后，不同类型的滨水空间如滨湖、滨河、滨海空间的设计不仅需注重对生态环境的保护，也需要对防汛安全做出设计。

具体而言，滨水区的设计内容包括了界面——建筑与水体的界面、城市的天际线，滨水的开放空间——如广场、公园、码头，滨水区交通组织——人行步道及车行道路以及景观绿化等内容。

作业案例（六）：2013 年哈尔滨工业大学建筑学院设计课程"新型城镇化引导下的城市滨水区更新改造设计"

1）课程说明

设计基地位于哈尔滨市道外区原港务局地段，与松花江相邻，与附近乡村交接。在此背景下，作为无法享有城市中心区的活力优势的边缘地段，如何利用周边现有资源激活场地，成为设计的主要问题。

2）方案特色

由张艺帅、朱超同学完成的城市设计反"'哺'归'源'"（指导教师：李罕哲、董慰、吕飞、戴铜），聚焦于城市与乡村结合地段滨水区的复兴设计问题。

基地内的大量工业遗址与港务设施是城市的记忆载体，周边沿江的生态网络是优质的环境资源。设计利用基地内现有的工业遗迹与航运设施，作为更新改造基底，体现出后工业景观的设计感。以周边大量的农

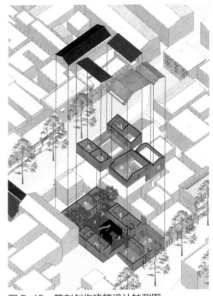

图 5-19　篆刻创作建筑设计轴测图

图 5-20　篆刻创作建筑设计透视图

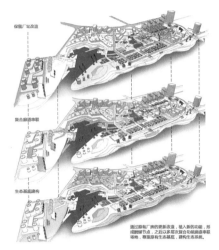

图 5-21 体系策划

业种植为契机，建构城市反哺乡村、工业反哺农业的农业产业化发展模式，同时开发以农情展示为主的相关旅游活动与场所建构以激发场地活力吸引周边。旅游的开发带动场地的商业需求，以旅兴商，建设生态有机的商业游憩区。商业的繁荣惠及周边村落与住区，以商富农，建构出完整的产业链。最终衍生出休闲农业、农销科创、商务休憩、主题办公、文化娱乐等多种复合功能的城乡交界点，完成场地及周边的发展融合（图 5-21、图 5-22）。

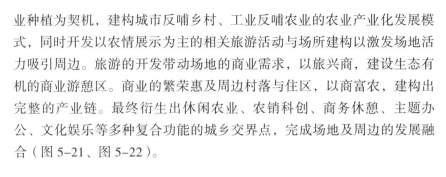

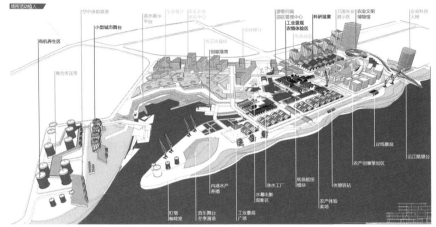

图 5-22 场所活动植入

3. 山地

山地（含坡地）是一种基于自然环境、具有地势高差起伏的地段。山地地区的城市设计需要考虑山地的生态景观格局，在尊重山地地形地貌的前提下对该地块的生态系统、景观视廊、场地竖向以及绿地做出系统的规划与设计；根据地势高差的急缓安排开放空间与建筑分布，控制建筑高度与密度，凸显山脊线，形成具有山地特色的城市空间形态。

作业案例（七）：2015 年东京工业大学、同济大学、重庆大学、东南大学、华南理工大学五校联合培养课程"重庆磁器口风貌过渡区城市更新及建筑设计"

1）课程说明

重庆是一座山地城市，山体分隔出各个区域形成了重庆独特的风貌特征。课程基地位沙坪坝区北端，在磁器口中心区域北部的一片面积约 4 万平方米的区域，场地位于金碧山山脚，北高南低，南侧有小街溪与嘉陵江相连（图 5-23）。磁器口在历史上曾以得天独厚的航运优势发展繁荣，却随着陆运经济的发展逐渐衰落，成为一个年轻人大量外迁的区域。

2）设计任务

通过设计建构起一个具有活力、功能叠合并具有当代都市特征的场

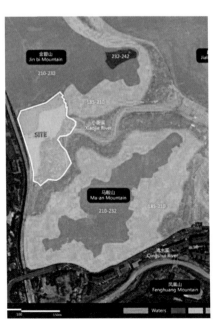

图 5-23 基地区位与周边自然环境

所。这个场所应该能兼顾本地居民与旅游者等不同人群的需求；能有效
地形成新旧都市结构之间的过渡；能将建筑群与原有山地地貌之间关系
合理考虑。课程希望通过中等强度、功能复合的更新，为这样的区域寻
找面向未来的发展模式。

3）方案特色

由蔡陈翼、洪菲等同学完成的设计（指导教师：唐芃、葛明、奥山
信一、王伯伟、孙一民、龙灏、村田凉、王方戟、郭屹民、褚冬竹、李
敏稚）主题为"广场与阶梯"。

在场地中，设计者观察到随处可见的阶梯、广场以及屋宇间的庭院
构成了山地独特的行走体验与当地居民的生活记忆，因此，在新的设计
中保留这样的珍贵记忆和体验显得尤为必要。广场可营造公共空间，根
据保留阶梯，整合地形，确定主要人行路线，并从场地原有建筑中提取
出院落的尺度与组合方式，确定小、中、大三种尺度的院落式建筑，以
适应新的建筑功能需要。阶梯可行进和连接。通过广场与阶梯的组合对
场地空间结构重新整合，完成新旧都市结构之间的过渡（图 5-24）。

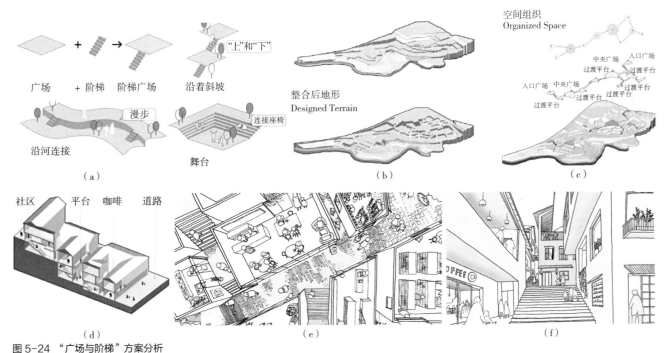

图 5-24 "广场与阶梯"方案分析
（a）设计策略；（b）地形处理；（c）空间组织；（d）庭院设计；（e）俯视图；（f）透视图

4．景区周边

景区周边的地块通常与景区距离较近、联系紧密，可以享有景区良
好的自然资源如草原、湖泊、森林等，富有人文气息的名胜古迹如名人
旧居、古街巷等；景区大量的人流亦为地块发展带来契机。

景区周边地块发展以保护为前提的、与旅游相关的配套产业是其主要发展内容之一，可持续发展模式可以让景区周边与景区形成良好的互补与互促。然而，景区周边地块也因其特殊的位置而存在特定问题：如交通组织上，景区的人流车流在旺季尤为繁多，如何将人流车流有序组织以及疏散，并与城市道路良好衔接；空间形态上，如何体现景区特色，利用景观轴线、视廊等与景区形成空间上的对话；场所营造上，如何结合景区形成有特色的场所等。

作业案例（八）：2017 年东南大学与西南建筑设计院联合指导的本科毕业设计课程"都江堰老城核心区城市设计"

1）课程说明

都江堰市位于成都平原西北边缘与岷山山脉交界处，距成都 48km。其形态以都江堰为顶，向东南沿水系呈扇形布局。基地位于都江堰景区的入口附近，老城区与景区的交界处，是游客去景区的必经路线，与公园、内江与居住区相邻，处于一个较为复杂的环境中。一方面，"后遗产时代"都江堰城市面临一系列问题：老城生态环境日趋恶劣，建筑密度过大，城市街道、公共空间品质不高等。另一方面，都江堰拥有丰富资源包括都江堰青城山、都江堰水利工程、成都大熊猫繁育研究基地等自然资源的景区以及古城人文景区。

2）设计任务

主要分为整体形态认知、专题研究和典型地段城市设计三个方面，立足于都江堰城市历史和现状调研，理论方法和案例学习结合，培养通过实地调研，快速入手、多轮反复、逐层次深入的工作习惯，掌握以实际问题为导向、贯穿"整体研究—实施导则—具体建造"的综合研究方法。

3）方案特色

徐菁菁等同学完成的设计（指导教师：冷嘉伟、鲍莉、刘刚）首先研究了从古蜀、秦国时期到现代的城镇形态发展与经济贸易发展的关系（图 5-25），在此基础上分析两大自然要素——山和水，对城市形态的影响，并总结城市职能与文化的发展与城市形态的演变的关系，以及城市结构与肌理的变化（图 5-26），并以此作为设计空间结构与街区肌理的重要依据（图 5-27、图 5-28）。

其次，在专题研究都江堰形态、山水、职能和人文的基础上，选取了城市功能板块交接的典型地段，从区域弥合、旅游发展和形态传承的角度，结合不同策略，提出城市织补的概念。区域弥合方面，在城市不同功能区交界处设置弥合节点，再通过交通、功能、开发空间等方式进行不同功能区之间的弥补与缝合（图 5-29）；旅游发展方面，依据集散中心选址确定旅游动线，结合旅游路线和周边场地状况设置旅游相关功能

节点（图 5-30）；形态传承方面，依据场地历史结构、放射状水系和绿化、
环状道路和放射状道路确定空间形态（图 5-31）。

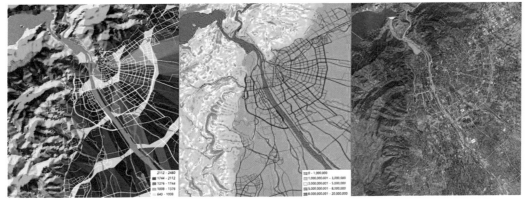

图 5-25　古蜀、秦国时期到现代的城镇形态发展与经济贸易发展的关系

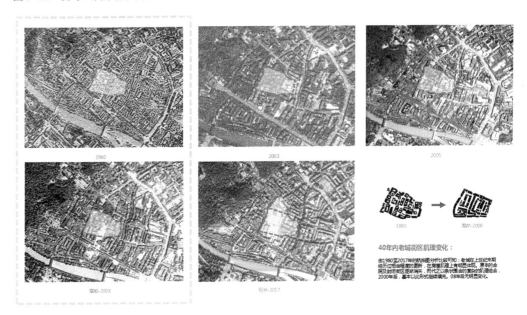

图 5-26　老城肌理变化

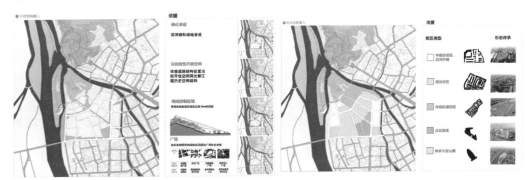

图 5-27　公共空间植入　　　　　图 5-28　街区肌理植入

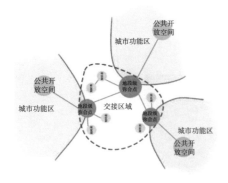

图 5-29 弥合结构示意图

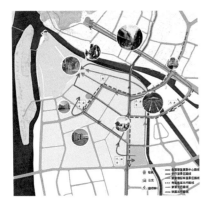

图 5-30 旅游路线设计图

图 5-32 广场节点设计图

最后，对广场、滨水岸线等典型地段的建筑形式、景观设施等做出设计深化（图 5-32）。

5．老工业区

老工业区往往曾经对城市的发展起到重要的作用，然而随着城市产业转型与技术提升，老工业区在城市中的地位逐渐没落。从经济的角度来看，老工业区具有坚固的建筑基础设施与结构主体，因此将其进行合理的改建与功能转型，不但可以减少重建成本，而且能够消耗更少的能源；从城市文脉的角度看，老工业区是城市发展的重要印记，能够唤起一座城市居民的集体记忆。老工业区的城市设计不仅要考虑空间形态、空间组织与功能重置，还要协调好与周边功能区的关系，起到带动城市发展的作用。

1.传统旅游商业街区
2.酒店民宿
3.居住区
4.水利管理局和水利博物馆
5.创意商住公寓
6.商业综合体
7.社区服务中心
8.商住混合公寓
9.集中商务办公区
10.中心广场
11.旅游集散中心
12.商住混合区
13.旅游商业百货
14.道教文化体验街区

图 5-31 总平面图

2022 年北京即将举办的冬奥会的部分配套设置就是由首钢遗址改建而成，该项目获得了 2017 年中国人居环境范例奖，标志着老工业区的更新设计迈入一个新的时代。自 20 世纪初期，首钢与北京石景山建设炼厂，在一个世纪中为我国的钢铁工业做出了巨大的贡献。改建方案中，首钢在原来的工业园区建设景观公园、冬奥广场、工业遗址公园、公共服务配套区、城市织补创新工场五大功能区[16]，使得这片老工业区结合冬奥会的契机有了新的发展。

作业案例（九）：2017 年哈尔滨工业大学建筑学院设计课程"城乡修补、活力再塑"

1）课程说明

课程结合 2017 年中国高等学校城乡规划教育年会的城市设计课程作

业主题："城乡修补、活力再塑"，要求以独特、新颖的视角解析主题的内涵，以全面、系统的专业素质进行城市设计。自行选定规划基地并确立设计作业主题，进行基地和主题的解读，开展课程设计。

2）设计任务

第一，对社区居民群体深入调研，真正关注居民的生存现状、生活方式、行为规律、心理诉求、亚文化构成等。第二，对空间调研所收集到的素材进行分析和解读，应特别侧重于城市文脉、历史发展轨迹、空间肌理、空间尺度等角度进行，对设计地段的未来发展做出理性预测。第三，确定空间模式，即空间的二维和三维的特征，依据前期的分析，选择适应于产业发展、效率提升、使用需求、社会生活和文化诉求等多方因素的限定，完成对空间的功能组织和物质形态进行设计。

3）方案特色

由刘芳奇、牟琳同学（指导教师：李罕哲、董慰、吕飞、戴铜）完成作品"运动'冰工厂'——冰雪体育文化激活下的富拉尔基老工业区复兴计划"。设计选址于一个见证了城市工业兴衰变迁的区域——齐齐哈尔市富拉尔基区。随着市区内多家工厂的搬迁或关停，许多用地处于空置状态，急需功能转型。设计选取了临近嫩江的一个街区，基于富拉尔基深厚的体育传统，利用废弃的工厂空间，将其定位为体育文化中心。基地呈狭长状，设计从点线面三个层级，利用一条步行通廊串联场地中设置的各个节点空间，最终形成富有冰上运动文化的特色片区（图 5-33）。

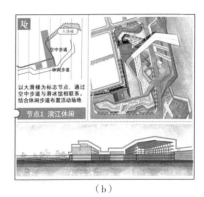

图 5-33 "运动冰工厂"方案分析
（a）步道通廊设计；（b）节点空间设计一；（c）节点空间设计二

6. 城市公共交通枢纽地区

城市公共交通枢纽是各条公共交通线路的集汇点，是运输过程及实现运输过程的综合体，是路网内物流、人流、车流的集散中心，是城市内外和城市内部公共交通的衔接点，亦是城市综合交通系统的重要组成部分[3]。

在功能上，城市公共交通枢纽地区解决了城市的交通运转问题，为城市带来充足的人流量激发城市活力。然而，城市交通枢纽地区却有时因为交通功能性过强而带来一些问题，如功能结构单一，缺乏公共生活空间，交通导向单一成为城市的"割裂"带，破坏城市肌理，人流车流集聚与混杂过度导致整个区域空间品质下降等。

因此，公共交通枢纽地区的城市设计首先需要考虑各个交通方式的合理换乘，充分利用平面、立体换乘模式将人流、车流及交通轨道进行有效分流与衔接；其次，需要考虑交通枢纽与周边建筑文化、娱乐、办公等功能的复合开发，促进城市活力的提升；此外，作为城市"门户"地区，还需要结合城市文化脉络，考虑对城市形象的积极影响。

作业案例（十）：2016 年东南大学、天津大学与罗马大学联合指导设计课程"帝国的边界"

1）课程说明

特米尼（Termini）车站位于罗马中心城区东部偏北，是罗马市内最大也是最重要的车站，是欧洲邻近国家以及意大利本国的铁路交通线路在罗马的主要接入点，同时火车站周边汇集了城市地铁线路、长途巴士车站，城市旅游巴士线路以及连接罗马外围城区的有轨交通线路。由于铁路线的接入，以及随着城市的增长快速交通线路的连接带来了火车站周边地区城市功能的破碎化的问题。一些地块由于在城市空间连接中处于尽端位置，因而丧失了良好的城市活力。同时火车站设施的增建以及周边用地的高密度开发也导致一些重要的罗马城市历史遗迹被掩盖遮蔽。

2）设计任务

如何梳理城市文化遗存与各种交通人群之间的关系，如何定位该区域在城市整体框架中的地位，是设计课题关注的核心，而城市设计的目标在于发掘该地区未来发展的潜力以及城市空间可能的发展形态。从而在未来发展中使这一曾被交通线路切割的城市破碎区重新整合入完整的罗马城市肌理之中，包括空间形态层面的整合，也包括城市功能、社会族群以及历史文脉的整合。

3）方案特色

毛升辉、杨俊宸同学（指导教师：苑思楠、卞洪滨）在面对这一课题时，没有将设计局限于火车站地区，而是将整个罗马城市作为调研范围，观察到依城墙轴带展开的城市生活空间被火车站所割裂，因此，他们的设计以完善城市生活圈系统为目标，结合场地中的历史遗迹建立多个开放空间，服务于周边城市生活。由此将特米尼车站地区成为城墙生活带上新的节点（图 5-34 ~ 图 5-36）。

在交通系统的策略方面，设计提出适当降低周边道路等级，设置缓行系统，拓展延伸步行系统并同时为场地引入可以串联罗马城区已有的自行车系统，为场地内同时存在的步行、自行车、汽车、轻轨电车、火车等多种并存的交通方式提出复合立体式的交通设计。

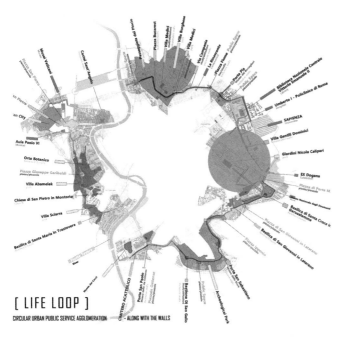

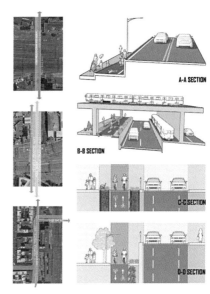

图 5-36　火车站立体交通设计图

图 5-34　罗马生活圈图解
（设计者标注了依城墙展开的公园、教堂、医院、音乐厅、展览馆等一系列服务公共生活空间。红色圆圈为车站所在位置。）

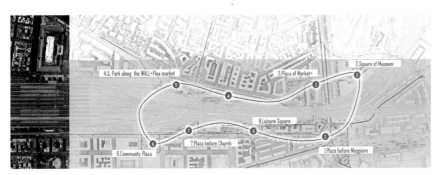

图 5-35　开放系统图
（以每一处历史元素为核心，围绕火车站建立 7 个公共开放空间形成环状开放系统。）

作业案例（十一）：2016 年重庆大学建筑城规学院建筑系设计课程"移动性——综合交通目标导向下的精细化城市设计"

1）课程说明

选址在重庆市渝中区两路口—菜园坝片区，紧邻重庆菜园坝火车站（重庆站），重庆轨道交通 1 号线与 3 号线的换乘站两路口站旁。设计难点与关键问题如下：

（1）设计难点

城市关系：项目紧靠 1 号线与 3 号线的换乘站两路口站、菜园坝火车站，位于长江一路与长江滨江路之间，高差约 60m，属山地城市的特色地段，为营造商业氛围、提高空间的连续性带来困难。形象：多个地块相互割裂，高低错落，对于塑造良好的商业氛围以及城市综合体的整体形象有一定挑战。基础设施：项目用地位于菜园坝长江大桥头，场地内城市大型服务设施，对场地关系的梳理带来挑战。

（2）关键问题

问题一：解决该地块与菜园坝火车站、两路口地铁站、菜园坝立交桥、山城步道等城市的综合交通关系，注意居民日常生活流线、乘坐公共汽车流线、乘坐城市轨道流线、乘坐城际轨道交通（火车/高铁）流线、商业开发流线等关系的处理。问题二：通过对该地块与城市的关系以及地块现状的分析，理清空间结构关系，塑造城市形象。问题三：通过综合分析，提出地块具体功能定位、面积配比及解决方案。

2）设计任务

课程强调解决问题本身的细微程度和深入程度，更体现在对特定空间、特定人群、特定问题的深度剖析。城市设计需结合轨道交通两路口站、城际交通菜园坝火车站整体开发，注意业态平衡、协同发展。项目整体定位为山地城市生活—交通—商业综合示范区，集购物、居住、文化、公园、休闲观光于一体，创建高端的生态商业与居住环境，同时配置相当体量的办公、酒店等利于销售，增加目的性人流。

3）方案特色

由米锋霖、何金辉、田晓晓同学（指导教师：褚冬竹）的设计提出了三个策略对应问题。第一，通过旧城更新，功能优化来改善原有因交通职能过强导致的旧城衰落问题。第二，创造高效集约的接驳系统与其他功能有机复合，优化交通。第三，通过化整为零，增加高差层级、分层解决步行高差等方法解决60m集中高差（图5-37）。

在交通设计方面，方案增强高铁站与北侧地铁站的联系，形成双向环形系统，如图5-38红点外加圆圈所示为高铁站与地铁站；对场地原住民的静态人流与需要交通换乘的动态人流加以区分；以公共空间为载体，在场地中构建较为完整的步行漫游网络，如图5-39流线所示。

5.3.4　专项城市设计

1. 风貌

城市风貌特色主要是指一座城市在其发展过程中由历史积淀、自然条件、空间形态、文化活动和社区生活等共同构成的、在人的感知层面上区别于其他城市的形态表征，其具有历史积淀、形态延续和有序演进三大特点[17]。一些具有鲜明风貌特征的城市如柏林、巴黎、鹿特丹等都是在历史的发展与演进中逐步呈现出多元统一的风貌特征。

图5-37　模型照片

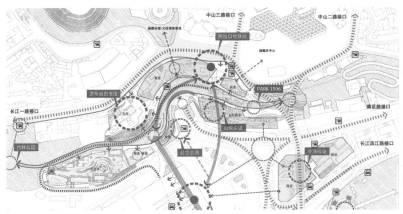

图 5-38　空间结构图

图 5-39　城市公共空间为载体的步行交通接驳

以柏林波茨坦广场为例，在第二次世界大战开始之前波茨坦广场是欧洲最繁华的区域之一，然而在第二次世界大战中，波茨坦广场遭到严重损坏，一夜之间树起的柏林墙让该区域成为荒无人烟的区域。后来两德统一，德国政府迁都柏林，波茨坦广场地区通过城市设计竞争方式被重新设计建造。新的波茨坦广场保留了原有的八边形街道空间特点，多家建筑事务所参与了不同的建筑设计，如剧场、餐厅、办公等，在呼应原有肌理的基础上，创造了新的风貌特征，展现出柏林的新生（图 5-40）。

由此可见城市的风貌特征并不是一成不变的，而是随着历史的变迁、社会的发展不断被注入新的元素。然而这种多元的风貌特征必须遵循总体调控、分区突出倾向、局部彰显特色的原则[17]，才能体现出既多元又统一的城市风貌。如前文提到的首钢北京冬奥会改造，将历史的印记与新时代的大事件相结合，创造出独特的城市风貌。

2. 高度

城市高度形态作为城市空间在三维层面的关键维度，体现了城市经济活动聚集的容量和能力，也影响着城市的整体风貌和景观形象[18]。

正如第 4 章中提及建筑高度对空间的影响。东南大学城市建筑工作室曾经对南京玄武湖地区城市设计高度控制进行研究。研究将玄武湖周边地块分为西南、西北、东北三个片区，以西南片区为例，在西南片区选取火车站站前广场、新庄、太岗路及台城四个视点模拟、分析待建项目完成后的城市形态，并做出相应的调整意见。南京玄武湖周边地块的高度控制成功之处在于，其规划设计是落实到每一栋建筑的高度设计，避免了以地段片区为单位的高度控制带来的天际线断崖（图 5-41）。

日本横滨 21 未来港是较早在城市设计中规划建筑高度的案例，建筑物越靠近海面则高度越低，滨水区域建筑最高限制在 60m，向内陆逐

图 5-40　波茨坦广场夜景

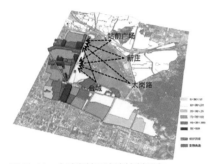

图 5-41　玄武湖地区高度控制研究

图 5-42　横滨 21 未来港图片

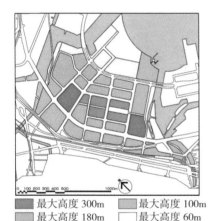

■ 最大高度 300m	■ 最大高度 100m
■ 最大高度 180m	□ 最大高度 60m
■ 最大高度 120m	

图 5-43　横滨 21 未来港高度控制

渐升高为 100m、120m、180m、300m，使多数建筑可以享有滨海景观（图 5-42、图 5-43）。

而以天空为背景的城市轮廓线又可被称作天际线，天际线是展示城市形象的重要标志。天际线的设计不仅要注重美学的原理，强调韵律节奏与层次感，还需结合各个城市不同的自然景观，突出城市特色（图 5-44）。

图 5-44　重庆市天际线

3. 色彩

城市色彩是城市中可见物体颜色的色彩总和，是反映城市风貌的重要特征。城市色彩主要与城市中的自然地理环境、历史人文风貌以及城市综合环境如城市性质、规模等条件有关。城市色彩设计主要遵循三个原则：协调性原则、多样性原则与特色性原则[3]。在城市色彩整体和谐统一的前提下，追求色彩的层次丰富、搭配得当，同时在需要着重表达的城市重点地段运用色彩强化城市空间特色。

城市色彩设计的内容根据不同尺度而不同，具体色彩设计内容见表 5-3。例如在南京市规划局颁布的《南京市色彩控制导则》[19]，根据南京城市特征，以"梧桐素彩，锦绣妆花"为城市总体色彩特征。将城市色彩分为自然山水展现区、历史文化展现区与现代风貌展现区三大控制区，并根据各分区的现状色彩制定了参考色谱。

4. 步行系统

在以机动车交通为主导交通方式的现代城市规划与设计中，步行空间被不断压缩、分隔，导致在一定范围内无法形成连续的步行系统。然而，步行因为其便捷、低成本等特点成为人们出行活动中最常选用的交通方式。更重要的是步行有利于低碳城市的建造、缓解快速交通压力。因此城市步行空间的设计尤为关键，步行空间的连续、舒适以及安全成为设计的重要方面。

表 5-3　色彩设计内容

设计等级	地域范围	设计内容
城市级	整个城市乃至更大区域尺度的城市地域	依据设计用地的自然、人文、城市发展等环境条件，明确色彩特征，提出未来发展的基本风格和目标
		综合设计目标、调查结果与相关规划，进行色彩分区，提出分区内的色彩风格与主题，体现分区联系与差异
分区级	功能相对独立、具有环境相对整体性的中等尺度城市区段	依据分区色彩主题，进一步明确细化，提出设计对象的推荐色谱（基调色、辅调色、点缀色）以及各色谱控制的范畴与程度
		确定区段中的重点色彩景观，结合设计方案与异则，提出色彩设计或控制构想
地段级	城市街道、广场、建筑群等小尺度城市用地与项目	对地段内的相应视觉景观，如街道、广场、建筑、功能区域、视线走廊等涉及的材料色彩提出具体方案与要求
		对地段内的重要视觉要素，如雕塑、小品、绿化、铺装、家具等涉及的色彩提出相应建议与要求

作业案例（十二）：2019 年同济大学建筑与城市规划学院设计课程"超级步行街区城市设计"

1）课程说明

该课程旨在探索一种将若干个街区作为一个集合，并在其区域内实现步行优先的区域步行化规划模式——"城市超级步行街区"。课程要求学生按照超级步行街区的规模和设想，选择相关优秀样本案例进行分析，进而总结超级步行街区的基本特征，完成超级步行街区模式的城市设计。

2）方案特色

尹海鑫、郭根英、郅佳音同学（指导教师：孙彤宇，助教：梅梦月）选取了都市中心型的城市步行街区进行方案设计，即选取的理想步行街区模型位于城市 CBD（中央商务区）。

方案设计范围为 1km² 的正方形理想区域，周边由四条城市主干道围合而成，方案从四个方面提出设想。

第一是为不同层级的功能空间提供不同尺度和定位的开放步行空间。地块核心区为中央绿地，次一级为四个街角组团绿地，第三级为地块内节点，并通过带状与环状公共空间将其相连。第二是人口结构的混合，为不同的社会人群提供更多交流，减弱城市潮汐效应。第三组织交通结构，将车行交通置入地下，地面利用街道与公共空间作为对步行空

（a）

间的功能支撑。第四是通过对城市空间的设计发挥地块的都市中心枢纽作用（图5-45）。

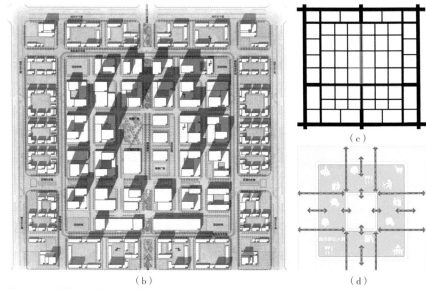

（b）　　　　　　　　　　　（c）

（d）

图5-45　超级步行街区方案分析
（a）空间轴线设计图；（b）总平面图；（c）总平面图交通结构；（d）总平面图人口结构

5. 街道

扬·盖尔（Jan Gehl）提出过"在整个人类定居生活的历史进程中，街道和广场都是城市的中心和聚会的场所"[20]。街道是一种线性的公共开放空间，街道空间由底部水平界面与两侧垂直界面构成。街道不仅承担了交通运输的功能，也是居民交流沟通的场所，具有活力的街道空间同时也是城市形象的展示空间。简·雅各布斯（Jane Jacobs）在《美国大城市的死与生》提出，街道与人行道还具有保障城市安全的作用，因为人在街道中的视线能起到了监视的效果[21]。

故在城市设计中，街道的设计应能满足以下原则：首先根据城市需求组织好交通流线，对于不同等级的街道对应不同的道路剖面设计，其中对步行系统需着重考虑，可通过立体化方式减少车行与人行的相互干扰；其次对街道界面、建筑风格、景观设施、色彩、尺度等提出控制与引导要求，提高街道舒适性、增加街道活力。

香榭丽舍大街是法国最著名的街道之一，位于卢浮宫与新凯旋门连线的中轴线上，其长度约1 800m，宽度约100m。香榭丽舍大街最早修建于17世纪，为皇家林荫道，在几个世纪中经历了优雅、繁荣与衰败。在1992年，巴黎市政府开始了对香榭丽舍大街的改造，力图改善街道的步行环境，使之成为供市民休闲活动的空间。改造方案最显著之处在于将原有的地面停车转移至地下区域，故地面原有的两侧人行道从 12m 宽被拓宽至 24m，并在人行道上增加两排梧桐树，整排连续的行道树形成独特的街景风格[2]（图 5-46）。除香榭丽舍大街外，国内外还有许多著名的街道设计案例，如纽约的第五大道、上海的南京路、北京的王府井大街等，在城市中成为人们交往和活动的重要场所。

图 5-46 香榭丽舍大街

5.4 结语

城市设计作为一种工具，可以被运用于不同尺度的城市范围设计中。在总体城市设计、区段城市设计、地块城市设计与专项城市设计中，有不同的设计内容与要点。城市设计又可按照不同性质分为编制类、创作类与研究类，在城市规划与建设的不同阶段发挥不同的作用。为了突出不同地段的城市设计方法的运用重点，本章的城市设计案例分为建成区、城市新区、特色地段以及专项城市设计，然而在实际的设计中，往往面临的是复杂、多变的城市环境，需要我们综合运用城市设计方法来应对。

课后思考题

1. 城市设计的一般过程是什么？
2. 城市设计的运用有哪些类型及其主要工作内容是什么？

参考文献

[1]　中华人民共和国住房和城乡建设部. 城市设计技术管理基本规定（征求意见稿）.

[2]　王建国. 城市设计 [M]. 北京：中国建筑工业出版社，2009.

[3]　《建筑设计资料集》编委会编. 建筑设计资料集 8（第 3 版）[M]. 北京：中国建筑工业出版社，2017.

[4]　戴冬晖，金广君. 城市设计导则的再认识 [J]. 城市建筑，2009（5）：106–108.

[5]　王建国，高源，胡明星. 基于高层建筑管控的南京老城空间形态优化 [J]. 城市规划，2005（1）：45–51+97–98.

[6]　中华人民共和国建设部. 城市规划基本术语标准：GB/T 50280–98 [S]. 北京：中国建筑工业出版社，2008.

[7]　邹德慈. 城市设计概论 [M]. 北京：中国建筑工业出版社，2003.

[8]　（美）埃德蒙·N·培根. 城市设计 [M]. 黄富厢，朱琪，译. 北京：中国建筑工业出版社，2003.

[9]　朱孟珏，周春山. 改革开放以来我国城市新区开发的演变历程、特征及机制研究 [J]. 现代城市研究，2012，27（9）：80–85.

[10]　刘厚俊，沈剑平，孙炤. 开发区发展的理论基础与战略选择[J]. 科技与经济，2003（1）：28–32.

[11]　郑东新区政府网站 [EB/OL]. http://www.zhengdong.gov.cn.

[12]　张敏. 安亭新镇 [J]. 城市建筑，2005（3）：19–24.

[13]　王志军，李振宇. "一城九镇"对郊区新城镇的启示 [J]. 建筑学报，2006（7）：8–11.

[14]　刘伯英，黄靖. 成都宽窄巷子历史文化保护区的保护策略 [J]. 建筑学报，2010（2）：44–49.

[15]　王建国. 城市设计（第二版）[M]. 南京：东南大学出版社，2004.

[16]　北京日报 2017 年 10 月 10 日版.

[17]　王建国. 城市风貌特色的维护、弘扬、完善和塑造 [J]. 规划师，2007（8）：5–9.

[18]　杨俊宴，史宜. 总体城市设计中的高度形态控制方法与途径 [J]. 城市规划学刊，2015（6）：90–98.

[19]　南京市规划局. 南京市色彩控制导则（试行）.

[20]　（丹麦）扬·盖尔. 交往与空间 [M]. 何人可，译. 北京：中国建筑工业出版社，2002：37.

[21]　（加拿大）简·雅各布斯. 美国大城市死与生 [M]. 金衡山，译. 南京：译林出版社，2005：36.

图表来源

图 1-1 ~ 图 1-3 韩冬青摄.

图 1-4 韩冬青绘制.

图 1-5、图 1-6（意）L. 贝纳沃罗. 世界城市史 [M]. 薛钟灵，等，译. 北京：科学出版社，2000：23、34.

图 1-7（德）威尔费利德·柯霍. 建筑风格学 [M]. 陈滢世，译. 沈阳：辽宁科学技术出版社，2006：415.

图 1-8（意）L. 贝纳沃罗. 世界城市史 [M]. 薛钟灵，等，译. 北京：科学出版社，2000：146.

图 1-9、图 1-10（a）韩冬青摄.

图 1-10（b）根据现场导览资料整理.

图 1-11 韩冬青摄.

图 1-12（a）根据现场导览资料整理.

图 1-12（b）韩冬青摄.

图 1-13、图 1-14（a）（意）L. 贝纳沃罗. 世界城市史 [M]. 薛钟灵，等，译. 北京：科学出版社，2000：348、653.

图 1-14（b）韩冬青摄.

图 1-15、图 1-16（德）威尔费利德·柯霍. 建筑风格学 [M]. 陈滢世，译. 沈阳：辽宁科学技术出版社，2006：404、405.

图 1-17 Joan Busquets. BARCELONA: the urban evolution of a compact city. Nicolodi. 2005: 127.

图 1-18（德）威尔费利德·柯霍. 建筑风格学 [M]. 陈滢世，译. 沈阳：辽宁科学技术出版社，2006：415.

图 1-19（a）Spiro Kostof. THE CITY SHAPED: Urban Patterns and Meanings Through History. London：Thames and Hudson Ltd. 1991: 210.

图 1-19（b）Robert Cameron. ABOVE WASHINGTON. San Francisco. Cameron and Company. 1980: 81.

图 1-20（意）L. 贝纳沃罗. 世界城市史 [M]. 薛钟灵，等，译. 北京：科学出版社，2000：913.

图 1-21 Robert Cameron. ABOVE W ASHINGTON[M]. San Francisco: Cameron and Company. 1992: 15.

图 1-22、图 1-23 沈福煦. 建筑概论 [M]. 北京：中国建筑工业出版社，2006：87、89.

图 1-24 转引自：苏则民. 南京城市规划史 [M]. 北京：中国建筑工业出版社，2016：14.

图 1-25、图 1-26（a）苏则民，南京城市规划史 [M]. 北京：中国建筑工业出版社，2016：15、199.

图 1-26（b）（民国）国都设计技术专员办事处. 首都计划 [M]. 南京：南京出版社. 2006：9.

图 1-27（a）Spiro Kostof. THE CITY SHAPED: Urban Patterns and Meanings Through History[M]. Landon：Thames and Hudson Ltd., 1991: 97.

图 1-27（b）、图 1-28 韩冬青摄.

图 1-29 赖德霖，伍江，徐苏斌. 中国近代建筑史（第一卷）：门户开放——中国城市和建筑的西化与现代化 [M]. 北京：中国建筑工业出版社，2016：120.

图 1-30 东南大学王建国教授提供.

图 1-31 中国城市规划设计研究院提供.

图 1-32 韩冬青绘制.

图 1-33 根据明信片和作者自摄整理.

图 1-34 根据南京市规划局提供资料整理.

图 1-35（意）L. 贝纳沃罗. 世界城市史 [M]. 薛钟灵，等，译. 北京：科学出版社，2000：789.

图 1-36～图 1-39 韩冬青摄.

图 2-1 王建国. 现代城市设计理论和方法（第二版）[M]. 南京：东南大学出版社，2001：188.

图 2-2～图 2-14 谷歌地球.

图 2-15、图 2-16（美）斯皮罗·科斯托夫. 城市的形成 [M]. 单皓，译. 北京：中国建筑工业出版社，2005：60. 106.

图 2-17 谷歌地球.

图 2-18（美）斯皮罗·科斯托夫. 城市的形成 [M]. 单皓，译. 北京：中国建筑工业出版社，2005：13.

图 2-19 Peter Bosselmann. Representation of Places: reality and realism in city design. California: University of California Press, 1998：31.

图 2-20、图 2-21（意）贝纳沃罗. 世界城市史 [M]. 薛钟灵，等，译. 北京：科学出版社，2000：623、834.

图 2-22（美）斯皮罗·科斯托夫. 城市的形成 [M]. 单皓，译. 北京：中国建筑工业出版社，2005：49.

图 2-23、图 2-24 谷歌地球.

图 2-25（奥地利）卡米诺·西特. 城市建设艺术——遵循艺术原则进行城市建设 [M]. 仲德崑，译. 南京：江苏凤凰科学技术出版社，2017：60-61.

图 2-26（英）戈登·卡伦. 简明城镇景观设计 [M]. 王珏，译. 北京：中国建筑工业出版社，2009：1.

图 2-27（美）凯文·林奇. 城市意象 [M]. 方益萍，何晓军，译. 北京：华夏出版社，2001：25.

图 2-28（荷）伯纳德·卢本，等. 设计与分析 [M]. 林尹星，等，译. 天津：天津大学出版社，2003：19.

图 2-29 王建国. 现代城市设计理论和方法（第二版）[M]. 南京：东南大学出版社，2001：89.

图 2-30（美）斯皮罗·科斯托夫. 城市的形成 [M]. 单皓，译. 北京：中国建筑工业出版社，2005：26.

图 2-31、图 2-32 谷歌地球.

图 2-33～图 2-35（美）斯皮罗·科斯托夫. 城市的形成 [M]. 单皓，译. 北京：中国建筑工业出版社，2005：161、144、106.

图 2-36（意）贝纳沃罗. 世界城市史 [M]. 薛钟灵，等，译. 北京：科学出版社，2000：263.

图 2-37～图 2-43 谷歌地球.

图 2-44 网络：rollnews.tuxi.com.cn.

图 2-45 谷歌地球.

图 2-46～图 2-48（美）斯皮罗·科斯托夫. 城市的形成 [M]. 单皓，译. 北京：中国建筑工业出版社，2005：194、210、193.

图 2-49～图 2-52 谷歌地球.

图 2-53、图 2-54 自绘.

图 2-55 网络：www.mafengwo.cn.

图 2-56 网络：www.vcg.com.

图 2-57（美）柯林·罗，弗瑞德·科特. 拼贴城市 [M]. 童明，译. 北京：中国建筑工业出版社，2003：82.

图 2-58（瑞士）W·博奥席耶. 勒·柯布西耶全集. 第 6 卷，1952～1957 年 [M]. 牛燕芳，程超，译. 北京：中国建筑工业出版社，2005：55.

图 2-59 陈志华. 外国建筑史（19 世纪末叶以前）[M]. 北京：中国建筑工业出版社，1979：31.

图 2-60（美）柯林·罗，弗瑞德·科特. 拼贴城市 [M]. 童明，译. 北京：中国建筑工业出版社，2003：74.

图 2-61～图 2-63 谷歌地球.

图 2-64（荷）伯纳德·卢本，等. 设计与分析 [M]. 林尹星，等，译. 天津：天津大学出版社，2003：152.

图 2-65（美）埃德蒙·N·培根. 城市设计 [M]. 黄富厢，朱琪，译. 北京：中国建筑工业出版社，2003：300.

图 2-66 王建国. 现代城市设计理论和方法（第二版）[M]. 南京：东南大学出版社，2001：30.

图 2-67（荷）伯纳德·卢本，等. 设计与分析 [M]. 林尹星，等，译. 天津：天津大学出版社，2003：208.

图 2-68（法）赛格·萨拉特（Serge salat），城市与形态——关于可持续城市化的研究 [M]. 北京：中国建筑工业出版社，2012：97.

图 2-69（美）迈克尔·索斯沃斯，伊万·本 - 约瑟夫. 街道与城镇的形成 [M]. 李凌虹，译. 北京：中国建筑工业出版社，2006：104.

图 2-70 吴志强，李德华. 城市规划原理（第四版）[M]. 北京：中国建筑工业出版社，2010：492.

图 2-71（美）迈克尔·索斯沃斯，伊万·本 - 约瑟夫. 街道与城镇的形成 [M]. 李凌虹，译. 北京：中国建筑工业出版社，2006：026.

图 2-72 ~ 图 2-74 谷歌地球.

图 2-75（美）斯皮罗·科斯托夫. 城市的形成 [M]. 单皓，译. 北京：中国建筑工业出版社，2005：156.

图 2-76 Oscar Riera Ojeda. Sasaki: Intersection and Convergence[C]. Oro Editions, 2008：183.

图 2-77 Koetter Kim & Associates. Place/Time [M]. New York：Rizzoli International Publications，Inc, 1997：97.

图 2-78 吴倩根据 Oscar Riera Ojeda. Sasaki：Intersection and Convergence[C]. Oro Editions, 2008：198–203，绘制.

图 2-79 Roberto Gargiani. Rem Koolhaas/OMA. The Construction of Merveilles [M]. Italy: EPEL Press, 2008：103.

图 2-80 O. M. Ungers，S.Vieths. The Dialectic City [M]. Milan：Skira editore, 1997:103, 105.

图 3-1 谷歌地球.

图 3-2 熊玮拍摄.

图 3-3 谷歌地球.

图 3-4 邓浩拍摄.

图 3-5 吴锦绣拍摄.

图 3-6 翁惟繁拍摄.

图 3-7 范琳琳拍摄.

图 3-8 朱雷拍摄.

图 3-9 王建国. 城市设计 [M]. 南京：东南大学出版社，2004：178.

图 3-10 谷歌地球.

图 3-11 吴则鸣拍摄.

图 3-12 ~ 图 3-14 王建国拍摄.

图 3-15 范琳琳拍摄.

图 3-16 吴锦绣拍摄.

图 3-17 谷歌地球.

图 3-18 徐吟星拍摄.

图 3-19 陈宇祯拍摄.

图 3-20 王建国. 城市设计 [M]. 南京：东南大学出版社，2004：137.

图 3-21 鲍莉拍摄.

图 3-22 徐小东拍摄.

图 3-23 陈宇祯拍摄.

图 3-24 王建国. 城市设计 [M]. 南京：东南大学出版社，2004：168.

图 3-25 Paul Venable Turner. Campus：An American Planning Tradition（The Architectural History Foundation Book）. Cambridge：MIT Press, 1987：228.

图 3-26 朱雷拍摄.

图 3-27 谷歌地球.

图 3-28、图 3-29 吴锦绣拍摄.

图 3-30 Paul Venable Turner. Campus：An American Planning Tradition（The Architectural History Foundation Book）[M]. Cambridge：MIT

Press, 1987：199.

图 3-31 Enis A., AlWaer H., & Bandyopadhyay S.（July 28, 2016）. Site and Composition：Design Strategies in Architecture and Urbanism[M]. England：Routledge：80.

图 3-32 吴锦绣拍摄.

图 3-33 史永高拍摄.

图 3-34 谷歌地球.

图 3-35、图 3-36（美）克莱尔·库珀·马库斯，卡罗琳·弗朗西斯. 人性场所：城市开放空间设计导则 [M]. 俞孔坚，等，译. 北京：中国建筑工业出版社，2001：67、65.

图 3-37 谷歌地球.

图 3-38 王建国拍摄.

图 3-39 谷歌地球.

图 3-40 盛夏拍摄.

图 3-41 谷歌地球.

图 3-42 夏祖华，黄伟康. 城市空间设计 [M]. 南京：南京工学院出版社，1992，8：109.

图 3-43、图 3-44 吴锦绣拍摄.

图 3-45 谷歌地球.

图 3-46 夏祖华，黄伟康. 城市空间设计 [M]. 南京：南京工学院出版社，1992，8：101.

图 3-47 吴锦绣拍摄.

图 3-48 吴则鸣拍摄.

图 3-49 吴锦绣拍摄.

图 3-50 谷歌地球.

图 3-51 Morphological Studies and Alpine Valleys Settlement:9.

图 3-52 吴锦绣拍摄.

图 3-53 谷歌地球.

图 3-54 夏祖华，黄伟康. 城市空间设计 [M]. 南京：南京工学院出版社，1992，8：107.

图 3-55 朱雷拍摄.

图 3-56 朱雷拍摄.

图 3-57 夏祖华，黄伟康. 城市空间设计 [M]. 南京：南京工学院出版社，1992，8：105.

图 3-58 谷歌地球.

图 3-59 夏祖华，黄伟康. 城市空间设计 [M]. 南京：南京工学院出版社，1992，8：9.

图 3-60 谷歌地球.

图 3-61 盛夏拍摄.

图 3-62 谷歌地球.

图 3-63 Cameron. Above Washington. San Francisco: Cameron and Company, 1996.47，转引自：王建国. 城市设计 [M]. 南京：东南大学出版社，2004：157.

图 3-64 谷歌地球.

图 3-65 王建国拍摄.

图 3-66 夏祖华，黄伟康. 城市空间设计 [M]. 南京：南京工学院出版社，1992，8：127.

图 3-67 谷歌地球.

图 3-68 翁惟繁拍摄.

图 3-69 Paul Venable Turner. Campus: An American Planning Tradition（The Architectural History Foundation Book）. Cambridge：MIT Press,

　　　　1987：77.

图 3-70 朱雷拍摄.

图 3-71 谷歌地球.

图 3-72 陈宇祯拍摄.

图 3-73 白雨拍摄.

图 3-74 谷歌地球.

图 3-75、图 3-76 韩冬辰拍摄.

图 3-77 谷歌地球.

图 3-78、图 3-79 盛夏拍摄.

图 3-80、图 3-81 Cameron. Above Chicago. San Francisco：Cameron and Company, 2000. 8，转引自：王建国. 城市设计 [M]. 南京：东南
　　　　大学出版社，2004：166.

图 3-82 徐小东拍摄.

图 3-83 王建国拍摄.

图 4-1 作者自绘.

图 4-2 冯炜. 城市设计概论 [M]. 上海：上海人民美术出版社，2011.

图 4-3 徐小东摄.

图 4-4 城乡建设环境保护部城市规划局《城市规划资料集》编写组. 城市规划资料集（2）[K]. 北京：中国建筑工业出版社，1983.

图 4-5 苏州平江街区规划国际研习班. 苏州平江街区保护更新规划研究报告 [R]. 1996.

图 4-6 贝纳沃罗. 世界城市史 [M]. 薛钟灵，等，译. 北京：科学出版社，2000：834.

图 4-7 作者自绘.

图 4-8 丁祎摄.

图 4-9 王建国. 金陵大报恩寺遗址公园规划设计刍议 [J]. 建筑学报，2017（1）：8-19.

图 4-10 钱禹摄.

图 4-11 王建国. 传承与探新：王建国城市和建筑设计研究成果选 [M]. 南京：东南大学出版社，2013：173.

图 4-12（美）约翰·伦德·寇耿等. 城市营造 21 世纪城市设计的九项原则 [M]. 南京：江苏人民出版社，2013：64.

图 4-13 蔡恒屹摄.

图 4-14《建筑设计资料集》编委会. 建筑设计资料集 8（第三版）[M]. 北京：中国建筑工业出版社，2017：405.

图 4-15 王建国. 传承与探新：王建国城市和建筑设计研究成果选 [M]. 南京：东南大学出版社，2013：173.

图 4-16 刘承良. 城乡路网系统的空间复杂性 [M]. 上海：上海科学普及出版社，2017：50.

图 4-17 张雪梅. 道路交通管理警务基础教程 [M]. 太原：山西人民出版社，2014：67-69.

图 4-18 东南大学建筑设计研究院有限公司 UAL 城市建筑工作室.

图 4-19 ~ 图 4-21 作者自绘.

图 4-22 李伟. 哥本哈根自行车交通政策 [J]. 北京规划建设，2004（2）：46-51.

图 4-23 韩炳越，部建人. 大型公园绿地引领城市发展 [J]. 中国园林，2014，30（1）：74-78.

图 4-24 王建国. 传承与探新：王建国城市和建筑设计研究成果选 [M]. 南京：东南大学出版社，2013：173.

图 4-25 https：//www.archdaily.com/74845/city-park-foster-partners

图 4-26《建筑设计资料集》编委会. 建筑设计资料集 8（第三版）[M]. 北京：中国建筑工业出版社，2017：424.

图 4-27 Sergio Chapa. Namibian officials visiting the Alamo City for its tricentennial said they plan to build a San Antonio-style[N]. San Antonio

图 4-28 单皓. 美国新城市主义 [J]. 建筑师，2003（03）：4-19.

图 4-29 王建国. 传承与探新：王建国城市和建筑设计研究成果选 [M]. 南京：东南大学出版社，2013：206.

图 4-30 金广君. 图解城市设计（第二版）[M]. 北京：中国建筑工业出版社，2010：60.

图 4-31 徐小东摄.

图 4-32《建筑设计资料集》编委会. 建筑设计资料集 8（第三版）[M]. 北京：中国建筑工业出版社，2017：442.

图 4-33 徐心菡摄.

图 4-34 ~ 图 4-36《建筑设计资料集》编委会. 建筑设计资料集 8（第三版）[M]. 北京：中国建筑工业出版社，2017：415.

图 4-37 徐心菡摄.

图 4-38（澳）乔恩·兰. 城市规划设计 [M]. 沈阳：辽宁科学技术出版社，2017：219.

图 4-39、图 4-40《建筑设计资料集》编委会. 建筑设计资料集 8（第三版）[M]. 北京：中国建筑工业出版社，2017：399-402.

图 4-41 陈旸，金广君. 论城市设计的影响评估：概念、内涵与作用 [J]. 哈尔滨工业大学学报（社会科学版），2009（6）：31-38，作者重绘.

图 4-42 作者自绘.

表 4-1 陈旸，金广君. 论城市设计的影响评估：概念、内涵与作用 [J]. 哈尔滨工业大学学报（社会科学版），2009（6）：31-38，作者重绘.

图 5-1《城市设计技术管理基本规定》（征求意见稿）.

图 5-2 东南大学城市建筑工作室.

图 5-3《建筑设计资料集》编委会编. 建筑设计资料集 8（第三版）[M]. 北京：中国建筑工业出版社，2017：398.

图 5-4 ~ 图 5-6 同济大学建筑与城市规划学院.

图 5-7 吴良镛. 北京旧城与菊儿胡同 [M]. 北京：中国建筑工业出版社，1994.

图 5-8、图 5-9 东南大学建筑学院.

图 5-10 孙丽君摄.

图 5-11 华南理工大学建筑学院.

图 5-12 刘伯英，黄靖. 成都宽窄巷子历史文化保护区的保护策略 [J]. 建筑学报，2010（02）：44-49.

图 5-13 ~ 图 5-16 东南大学建筑学院.

图 5-17 ~ 图 5-20 西安建筑科技大学建筑学院.

图 5-21、图 5-22 哈尔滨工业大学建筑学院.

图 5-23 ~ 图 5-32 东南大学建筑学院.

图 5-33 哈尔滨工业大学建筑学院.

图 5-34 ~ 图 5-36 天津大学建筑学院.

图 5-37 ~ 图 5-39 重庆大学建筑城规学院.

图 5-40 褚冬竹摄.

图 5-41 东南大学城市建筑工作室.

图 5-42、图 5-43（日）横滨都市整备局，港湾局，一般社团法人横滨未来 21 "YOKOHAMA MINATO MIRAI 21 Information" vol. 86，2015.

图 5-44 褚冬竹摄.

图 5-45 同济大学建筑与城市规划学院.

图 5-46 褚冬竹摄.

表 5-1 王建国. 城市设计 [M]. 北京：中国建筑工业出版社，2009：330.

表 5-2 东南大学建筑学院.

表 5-3《建筑设计资料集》编委会. 建筑设计资料集 8（第三版）[M]. 北京：中国建筑工业出版社. 2017：443.